Gewidmet ist dieses Buch unserer Tochter Lisa Marie,
die mir mit ihrem kindlichen Witz und Humor und ihrer fröhlichen
Lebenszugewandtheit trotz ihres eingeschränkten Lebens im
Rollstuhl bis zu ihrem viel zu frühen Tod im Jahr 2000 viel Kraft für
das neue Jahrhundert gegeben hat.

Ulrich Weinberg

Network Thinking

Was kommt nach dem Brockhaus-Denken?

MURMANN
MURMANN PUBLISHERS

Bibliografische Information der Deutschen Nationalbibliothek
Die Deutsche Nationalbibliothek verzeichnet diese Publikation in
der deutschen Nationalbibliografie; detaillierte bibliografische
Daten sind im Internet über http://dnb.d-nb.de abrufbar.

Copyright © 2015 Murmann Publishers GmbH, Hamburg

Lektorat: Evelin Schultheiß, Ahrensburg
Illustrationen: Ulrich Weinberg
Druck und Bindung: Steinmeier GmbH und Co. KG, Deiningen
Printed in Germany

ISBN 978-3-86774-469-0

Besuchen Sie uns im Internet: www.murmann-publishers.de
Ihre Meinung zu diesem Buch interessiert uns!
Zuschriften bitte an info@murmann-publishers.de
Den Newsletter des Murmann Verlages können Sie anfordern unter
newsletter@murmann-publishers.de

INHALTSVERZEICHNIS

»Die kleinen Däumlinge suchen und finden das Wissen in ihren Maschinen. Meist unzugänglich, war das Wissen meist nur in Bruchstücken, Ausschnitten, Segmenten zu haben. Seite für Seite wiesen gelehrte Klassifikationen jeder Disziplin ihren Teil zu, ihr Fachgebiet wie ihre Räumlichkeiten, ihre Laboratorien, Bibliothekstrakte, Geldmittel, ihre Sprachrohre und Körperschaften. Das Wissen wurde unter Sekten aufgeteilt. Und das Wirkliche zerbarst in tausend Stücke.«

Michel Serres: Erfindet euch neu!

Tarik an alle

Ich bin sieben und gerade in die zweite Klasse gekommen. Ich lerne Lesen, Schreiben und Rechnen, das macht richtig Spaß. Weil ich noch nicht alles selber schreiben kann, hat mein Papa mir geholfen, das hier aufzuschreiben.

Mein Papa hat schon eine Glatze, ich glaube, er ist schon über fünfzig. Er macht manchmal ziemlich lustige Sachen. Zum Beispiel mit seinem iPhone, das er immer mit sich rumträgt. Ich durfte auch, schon als ich noch ganz klein war, ab und zu darauf spielen. Da fand ich es lustig, auf der Glasplatte rumzuwischen und zu sehen, was dann passierte. Manchmal durfte ich mir abends im Bett darauf eine Gutenachtgeschichte ansehen. Die mit dem Bauernhof mochte ich am liebsten. Man konnte im Kuhstall das Licht ausschalten und dann zuschauen, wie die Kühe schlafen gehen. Das fand ich lustig, aber jetzt bin ich ja schon viel größer, jetzt finde ich so was langweilig.

Heute mag ich viel lieber Autorennen spielen. Ich find Autos nämlich supertoll. Die Autos, die ich da fahren lasse, sehen richtig echt aus. Wenn ich das iPhone wie ein Lenkrad bewege, kann ich sie steuern. Und es kracht richtig und rüttelt, wenn ich irgendwo gegendonnere. Das macht Spaß. Mein Papa sagt, dass er, als er so alt war wie ich, Seifenkisten aus alten Kartons gebaut hat und damit Wettrennen mit seinen Freunden in ihren Seifenkisten gefahren ist.

Aber mein Vater sagt auch manchmal komische Sachen. Als ich ihn gefragt habe, wann ich endlich mal ein echtes Auto selber fahren darf, da hat er gesagt, dass das noch zehn Jahre dauern wird und dass er aber gar nicht weiß, ob man dann überhaupt noch ein Auto selbst steuern kann. Weil die dann alle vielleicht von selbst fahren – das fänd ich ja richtig doof.

Als ich fünf Jahre alt war, hat mein Vater sich ein neues iPhone gekauft, ein bisschen größer als das alte. Das alte habe ich dann bekommen. Das fand meine Mama gar nicht gut. Meine Mama liebt nämlich Bücher über alles, und sie sagt, dass Kinder mit Büchern aufwachsen sollen, nicht mit solchen Glasplatten. Bücher finde ich auch gut, wir haben ganz, ganz viele zu Hause, die passen gar nicht mehr alle in die Regale. Aber ehrlich, die Glasplatte finde ich spannender. Ich darf aber nur am Wochenende damit spielen, wenn Papa dabei ist oder Mama. Papa hat auch ein iPad. Darauf schauen wir uns samstagmorgens im Bett immer Filme an, über Bären oder Polizisten, Flugzeuge oder Vulkane. Und dann darf ich noch ein Autospiel spielen. Am liebsten spiele ich eins mit einem echten kleinen roten Spielauto, das setze ich auf die Glasplatte, und dann kann ich durch Straßen steuern und Abenteuer erleben und Radkappen sammeln. Wenn ich genügend Radkappen gesammelt habe, kann ich mir dafür etwas für mein Auto kaufen, Raketenwerfer oder farbigen Auspuffqualm.

Abends, wenn ich im Bett liege und meine Schatzsammlung auf dem Nachttisch ansehe, dann überlege ich mir manchmal, womit die Kinder wohl spielen werden, wenn ich so alt bin wie mein Papa jetzt. Ob die auch noch Autorennen auf Glasplatten spielen? Vielleicht haben die dann ja alle schon diese Autos, die selbst fahren, und dürfen damit alleine unterwegs sein.

Tarik, 7 Jahre

Der Anfang vom Ende

Die ersten Zeilen dieses Buchs entstanden im Sommer 2012 auf einem Dreistundenflug von Peking nach Tokio. Sozusagen auf meinem Schoß. Noch waren es flüchtige Gedanken, nur zum Teil schon fertige Sätze, die ich in mein iPad eingab, die kleine elektronische Glastafel, deren Tastatur nicht mehr zu spüren, sondern nur noch zu sehen ist.

Die Struktur des Buches, den roten Faden und auch wichtige Textpassagen entwickelte ich dann zwei Tage später auf meinem Rückflug nach Europa, ebenfalls auf dem iPad. Meine Gedanken zum »Ende des Brockhaus-Denkens« haben mich wach gehalten. Über acht Stunden beschäftigten mich die Fragen und Überlegungen dazu, ohne Pause, dafür mit umso größerer Freude und Konzentration. Mit dem Begriff »Brockhaus-Denken« hatte ich erstmals das, was mir jeden Tag in Hochschule, Unternehmen, Behörden und Organisationen begegnet, auf den Punkt gebracht. Erstmals habe ich begrifflich gefasst und, um es besser kommunizieren zu können, anhand einer Zeichnung veranschaulicht, was sich gerade in unserem Denken und Handeln grundlegend zu verändern beginnt.

Wir alle spüren, dass etwas zu Ende geht, etwas Bedeutendes, das uns sehr vertraut ist und das uns über einen großen Zeitraum hinweg den Rahmen, die Struktur gegeben hat, innerhalb derer wir uns gedanklich bewegt und nach der wir unser Handeln ausgerichtet haben. Doch allmählich wird aus dieser Struktur und ihrer ordnenden, systematisierenden Funktion ein sperriges Etwas, ein Hindernis, das den Fluss unserer Kommunikation und unseres Handelns eher aufhält als wirkungsvoll unterstützt. Ganz offensichtlich funktioniert dieses Bedeutende also nicht mehr und geht auf ein absehbares Ende zu. Was danach kommen wird, davon haben wir eine Ahnung, eine Vorstellung, die aber noch nicht beschrieben ist. Wir spüren, dass sich ein Wandel ereignet, in dem etwas Großes, das wir Menschen entwickelt haben, sich verabschiedet oder auch verabschiedet wird, um abgelöst zu werden von etwas anderem Großen, das aber noch auszuformen ist.

Das Gefühl, dass etwas zu Ende geht, und die irritierende Tatsache, dass wir nicht genau sagen können, was danach kommen, wie dieses neue »Etwas« aussehen wird, treibt nicht wenige dazu an, etwas zu unternehmen aus dem vagen Verdacht heraus, dass das Leben von gestern und heute sich wohl nicht einfach auf morgen übertragen lassen wird. Denn was uns bis heute stark und erfolgreich gemacht hat, kann morgen schon klein und unbedeutend sein. Noch gelten zum Beispiel deutsche Autos als das Nonplusultra der Automobiltechnik. Nicht auszuschließen ist aber, dass ein selbstfahrendes Auto, entwickelt von einem der großen Technologieunternehmen wie Apple oder Google, in nicht allzu ferner Zukunft erfolgreicher sein wird als alles bisher Dagewesene. Allein die Intensität, mit der die klassischen Automobilhersteller die Pläne der IT-Unternehmen verfolgen, zeigt, wie nah der Wandel ist. Der entscheidende Wesenszug dieses Wandels lässt sich an einer Fähigkeit festmachen, die ihn tragen und voranbringen wird: an dem Denken in Netzwerken, an dem, was ich hier als *Network Thinking* bezeichne.

Es werden eben nicht mehr die Schubladen und Kategorien sein, in und nach denen wir denken, in Zukunft wird unser Denken und

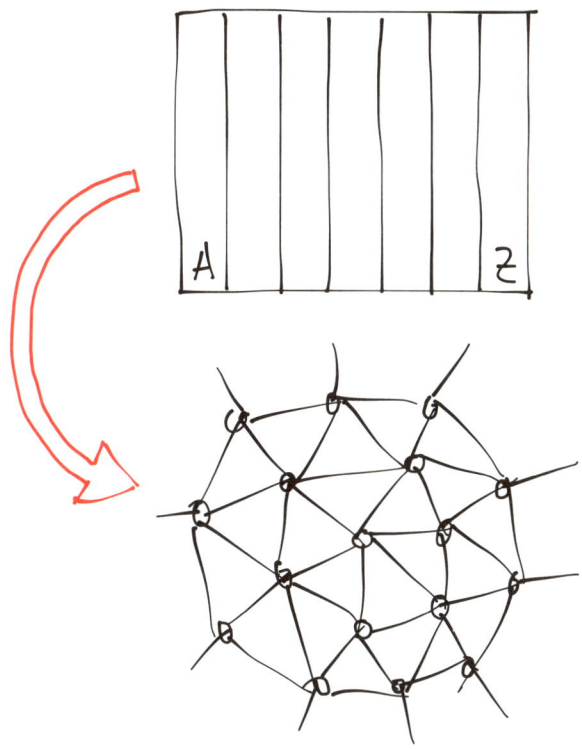

Handeln sich in weit aufgespannten Netzen bewegen. Steht der Brockhaus für lineares Denken, für ein sortierendes Ordnen von A bis Z, wird es morgen nicht mehr darum gehen, Wissen und Information möglichst exakt zu klassifizieren, zu gliedern und zu katalogisieren. Wir werden unser Denken vielmehr aus der festen Verortung heraus in dauernde Bewegung versetzen. Und welcher Ort eignet sich besser als das Flugzeug, sich dieses Wandels bewusst zu werden? Das Denken selbst ist also dabei, sich zu ändern.

Wer in Zeiten der Digitalisierung immer noch in Hierarchien, Fachgebieten und lexikalischen Kategorien denkt, wird den Anschluss bald verpasst haben. Daher widme ich dieses Buch dem *Network Thinking*, das das Brockhaus-Denken wohl endgültig ablösen wird. Überall auf der Welt beginnen Menschen bereits, in Netzstrukturen zu denken. Beispiele, von denen zu berichten ist, gibt es reichlich: der deutsche Autohersteller, ein Pharmariese, ein Softwareentwickler, die Diakonie oder eine Schule in Berlin. Sie alle und viele andere mehr sind dabei, ihr Kerngeschäft und ihre Arbeitsorganisation komplett zu verändern, aus Überzeugung, vor allem aber auch aus ökonomischer Vernunft. Denn von entscheidender Bedeutung ist: Das *Network Thinking*, von dem hier die Rede sein wird, ist keine hübsche Zierde, kein neues PR-Geraune für ausgelaugte Unternehmen – ganz und gar nicht. *Network Thinking* ist das neue Denken, das wir brauchen, um unsere Welt von morgen zu begreifen und zu steuern.

01 / Staubige Zeiten

WIE DAS ENDE DER BROCKHAUS-ÄRA UNSER BÜCHERREGAL VERÄNDERT

Wann haben Sie zum letzten Mal einen Band Ihres Lexikons gegriffen, ihn aus dem Bücherregal geholt, um etwas darin nachzuschlagen? Sie wissen schon, was ich meine: die lange Reihe gleichfarbiger Bücher, die ihren festen, angestammten Platz in so vielen Regalen hat. Machen Sie doch einmal einen kleinen Selbstversuch: Gehen Sie zum Regal, stellen Sie sich vor Ihr Lexikon, schließen Sie die Augen und tasten Sie mit einer Hand den Kopfschnitt, die Oberseite der Bücher, ab – vorausgesetzt, Sie können sie problemlos erreichen. Fühlen Sie den Staub? Ja? Wahrscheinlich haben die meisten von Ihnen gerade eine mehr oder weniger dicke Staubschicht abgewischt. Seien Sie nicht zu streng mit sich selbst, weil Sie nicht ordentlich sauber gemacht haben. Bücher zu entstauben gehört eben nicht zu den favorisierten Alltagsbeschäftigungen. Greifen Sie lieber einen der Bände aus der Reihe A bis Z und schauen nach, in welchem Jahr diese Ausgabe gedruckt wurde. Wie alt ist dieser Band?

Versuchen Sie nun, sich wirklich einmal zu erinnern, wann Sie zum letzten Mal Ihr Lexikon benutzt haben. Ich selbst bin erschrocken bei diesem kleinen Test. Die Bände meiner Brockhaus-Taschenbuchausgabe stammen aus dem Jahr 1984, die Staubschicht darauf war enorm und ich konnte mich beim besten Willen nicht mehr erinnern, vor wie vielen Jahren ich zum letzten Mal das Lexikon gebraucht hatte. Dabei habe ich es seit meiner Kindheit außerordentlich geliebt, in Nachschlagewerken zu stöbern, mich von einem Band zum nächsten verweisen zu lassen und dabei immer wieder Neues zu entdecken. Das zweibändige Lexikon meiner Eltern habe ich auf diese Weise noch von A bis Z durchgearbeitet. Und während meines Studiums habe ich nahezu täglich in meiner nun über 30 Jahre alten Brockhaus-Ausgabe geblättert und auch andere Nachschlagewerke genutzt. Begriffe wie »Globalisierung«, »Digitalisierung« und »Internet« suche ich natürlich in meiner Ausgabe vergebens, und unter dem Stichwort »Computer« finde ich die lapidare Erklärung: »Rechenanlage oder Datenverarbeitungs-(DV-)Anlage, bestehend aus Ein- und Ausgabegerät(en) und Zentraleinheit«.

Welchen Wert haben diese 20 Bände mit ihren 130 000 Stichwörtern, 6000 Abbildungen und 120 Farbtafeln also noch im Zeitalter von Google und Wikipedia? In Zeiten, in denen ich mit einem Fingerstreich über eine kleine Glasplatte auf Milliarden von Webseiten zugreifen, im Sekundentakt aktualisierte Informationen im Moment abrufen und mit Hilfe derselben Glasscheibe einen erfahrenen Menschen anrufen kann, um mich bei ihm zu vergewissern und letzte Zweifel und Fragen zu beseitigen? Aber: Kann ich mich auf die Informationen hinter dieser kleinen Glasscheibe genauso verlassen, wie ich mich damals auf die Informationen in meinem Brockhaus verlassen konnte?

»Wikipedia ist keine Bedrohung«

Ich erinnere mich noch sehr gut an ein Radiointerview, das mit dem damaligen Brockhaus-Geschäftsführer wenige Jahre nach dem Start von Wikipedia 2001 zur Entwicklung von Enzyklopädien geführt wurde. Er war sich ganz sicher, dass Wikipedia niemals an sein ebenso bewährtes wie verlässliches Produkt heranreichen werde. Sei dort doch amateurhaft zusammengetragenes Wissen versammelt, das in Qualität und Seriosität mit den von Brockhaus redigierten Informationen niemals konkurrieren könne. Kurz, er meinte abschließend sagen zu können: Wikipedia ist keine Bedrohung für Qualitätsprodukte wie Brockhaus. Was die Menschen immer schon suchten und weiterhin suchen würden, sei »Qualität«, und für die garantiere seine Redaktion, sein großes Team von Experten und das über zwei Jahrhunderte hindurch zusammengetragene Fachwissen.

Wissen als ewig während unveränderliche Größe? Nur sieben Jahre nach dem Start von Wikipedia wird Wissen nicht mehr in Metern gemessen und nicht mehr nach Beständigkeit qualifiziert.

Nur wenige Jahre später sah die Welt schon ganz anders aus. Brockhaus und auch andere Verlage hatten massive Umsatzeinbrüche zu verzeichnen, vielen drohte die Insolvenz. »Die Zeit, in der man sich eine hervorragende Enzyklopädie von anderthalb Metern Umfang ins Regal stellt, um sich dort herauszusuchen, was man wissen will, scheint vorbei zu sein«, sagte der Verlagssprecher des Brockhaus, Klaus Holoch, im Jahr 2008. Das Ende war eingeläutet. Nur sieben Jahre nach dem Start von Wikipedia wurde Wissen nicht mehr in Metern gemessen.

Die *Encyclopædia Britannica*, das englischsprachige Pendant zum Brockhaus-Lexikon, stellte bereits im März 2012 die Druckausgabe ihres 32-bändigen Werkes komplett ein. Das gesammelte Wissen der *Encyclopædia Britannica* ist seitdem nur noch online verfügbar. Ein Jahr nachdem die Briten keine Meterware mehr liefern wollten, im Juni 2013, kündigte der Bertelsmann-Konzern, der den Brockhaus-Verlag übernommen hatte, das Ende der gedruckten Ausgabe für das Jahr 2014 an. 206 Jahre, nachdem Friedrich Arnold Brockhaus (1772–1823) mit dem *Conversationslexikon mit vorzüglicher Rücksicht auf die gegenwärtigen Zeiten* den Standard für deutschsprachige Nachschlagewerke gesetzt hatte, ist die Zeit der mit der 21. Auflage auf 30 Bände angewachsenen und 70 Kilogramm schweren Enzyklopädie vorbei.

Ein Blick in meinen eigenen Arbeitsalltag zeigt: Ich brauche diese Lexikonbände nicht mehr. Nicht nur, dass sie an Aktualität eingebüßt haben, sie haben auch erheblich an Attraktivität verloren. Jeder kann zu jeder Zeit und von jedem Ort aus im Internet recherchieren, in Echtzeit Informationen zu jedem Thema und in jeder Sprache bekommen und sich auf ein Netzwerk von interessierten Menschen verlassen, die freiwillig und ohne Honorar diese Informationen ständig aktuell halten. Sicher, es gibt die Momente, in denen ich mir die Zeiten zurückwünsche, die überschaubare Zahl von 20 Bänden im Regal zu wissen mit dem Gefühl, dass ich dort alles Wesentliche des menschlichen Wissens zusammengetragen finde. Aber diese Momente sind selten und gehören zu dem Set an Nostalgie, das mich bisher auch davon abgehalten hat, den Brockhaus-Platz im Regal für anderes frei zu machen.

Auf meine kurze Rundfrage bei meinem Einführungsvortrag 2013 vor Studierenden der HPI School of Design Thinking, wann sie zum letzten Mal ein Lexikon in der Hand gehabt hätten, erntete ich nur noch fragende Blicke. So etwas habe man schon längst nicht mehr zu Hause, bekam ich unisono zuhören.

Ich werde meinen Brockhaus vorerst nicht wegwerfen, allein schon aus dem Grund, weil er mich ab und zu erinnert an das Denkmodell, das wir nun langsam, aber sicher verlassen werden.

Das Brockhaus-Denken

Was ist das aber, das Brockhaus-Denkmodell? Es ist eine aus meiner Sicht wundervolle Metapher für die Art und Weise, in der wir seit Jahrhunderten erfolgreich versuchen, unsere Wirklichkeit zu verstehen, zu organisieren, zu strukturieren, zu vermitteln. Wir sortieren, wir unterteilen, wir trennen – zum besseren Verständnis – in kleinere Sektionen, wir strukturieren, bauen Raster, Schubladen und verstauen dort die Wirklichkeit.

Machen Sie einfach noch einen kleinen Selbstversuch, gehen Sie noch einmal zum Bücherregal und stellen Sie sich vor Ihr Lexikon. Und nun versuchen Sie, sich Aufbau und Struktur des Unternehmens oder der Organisation, in dem/der Sie zurzeit arbeiten, vor Augen zu führen. Stellen Sie sich das Logo Ihres Unternehmens über dem Lexikon schwebend vor – erkennen Sie die darunter zusammengefassten verschiedenen Abteilungen und Organisationseinheiten, aneinandergereiht wie die Bände eines Nachschlagewerkes? Oder denken Sie an die Schule, die Sie besucht haben, und stellen Sie sich den Namen Ihrer Schule, in der Sie vermutlich wie ich zwölf oder dreizehn Jahre Ihres Lebens verbracht haben, über dem Lexikon schwebend vor.

Tadellos reihen sich die verschiedenen Klassenstufen nebeneinander. Stellen Sie sich Ihren Stundenplan vor – das Dutzend im 45-Minuten-Takt abgespulter Unterrichtsfächer können Sie sicherlich in diese so vertraute Struktur einbauen. Das gesamte Schulgefüge passt wunderbar in diese Reihung, die Sie gerade vor sich sehen. Und nun zu Ihrer Hochschule, in der Sie vielleicht weitere vier, fünf Jahre Ihres Lebens verbracht haben oder gerade verbringen. Sehen Sie die verschiedenen Fachbereiche, von dem Sie einen für sich gewählt haben, vor sich? Lassen Sie in Gedanken den Namen Ihrer Hochschule über den Büchern in großen Lettern erscheinen, und schon können Sie die Architekten, die Betriebswirte, die Chemiker, Designer, Ethnologen, die Juristen, Mediziner, Verfahrenstechniker bis hin zu den Zoologen fein säuberlich getrennt erkennen.

 Wir haben sie subtil verfeinert – die Kunst des Trennens, des Auseinandersortierens. Noch die letzten Winkel unseres Wissens und unserer Einrichtungen haben wir dadurch geadelt. Und heute? Heute wird diese Fertigkeit zum Hindernis.

Stellen Sie sich nun einen Ihrer letzten Gänge zu einer Behörde vor, nehmen wir als Beispiel das Bürgeramt, in dem Sie Ihren neuen Personalausweis beantragt haben. Schreiben Sie in Gedanken »Bürgeramt« über Ihr Lexikon, und schon sehen Sie an die 20 unterschiedliche Abteilungen, betraut mit Aufgaben rund um die Interessen der Bürger. Und Sie erinnern sich vielleicht, wie schwer es war, die für Sie zuständige Stelle zu finden. Vielleicht erinnern Sie sich aber auch an einen freundlichen Herrn, der Ihnen mit einem geschickten Hinweis geholfen hat, die richtige Amtsstube zu finden.

Und nun noch ein kleiner Sprung. Schreiben Sie in Gedanken »Bundesregierung« in dicken Lettern auf schwarz-rot-goldener Flagge über ihr Lexikon. Schon tauchen die verschiedenen Ministerien als klar abgetrennte Ressorts, ihrerseits wieder unterteilt in Abteilungen und Unterabteilungen, vor Ihrem inneren Auge auf.

Der Abschied von einem Denkmodell

Wenn Sie jetzt so langsam nicht mehr wissen, was Sie wie denken sollen, dann gehen Sie am besten erst einmal in Ihre Küche und kochen sich dort in aller Ruhe einen Kaffee, besser noch einen Tee, und kehren dann ganz entspannt wieder an Ihren Platz vor dem Bücherregal zurück. Genießen Sie den Duft des Tees. Nehmen Sie noch einen Schluck, spüren Sie die Wärme des Getränks und vertiefen Sie sich wieder in die Buchrücken Ihres Lexikons. Nur anschauen. Dann, nach einer Weile, sollten Sie einen Band in die Hand nehmen. Blättern Sie darin, schnuppern Sie an den Seiten – Vorsicht, nicht den Staub einatmen.

Dies kann ein bedeutsamer Moment in Ihrem Leben werden, der Ihnen in Erinnerung bleiben wird. Machen Sie sich mit mir zusammen auf den Weg, bewusst das uns vertraute Denkmodell zu verabschieden, ein Modell, das wir Brockhaus-Denken nennen können. Es ist dieses Denken, das sich auf ein Ende zubewegt und das wir über kurz oder lang ersetzen werden durch ein vollkommen neues Denken, von dem wir bisher nur eine diffuse Ahnung haben.

Denn das, was Sie da vor sich sehen, diese von A bis Z aufgereihten Bücher, hat seinen Sinn verloren in einer global vernetzten, sich immer schneller verändernden Welt. Das Denken, das sich hier in Buchform manifestiert, ist einer digital vernetzten Welt nicht mehr gewachsen. Das Unwohlsein, das wir in dieser vernetzten Welt spüren, rührt daher, dass wir uns mit Hilfe von alten, viel zu starren Denkmodellen darin bewegen.

Längst müssen wir nicht mehr auf die nächste Druckausgabe unseres Lexikons warten, um an konkrete neue Informationen zu kommen, die zudem kurz nach Erscheinen des Bandes schon wieder veraltet sein könnten. Schon seit Jahren stützen und verlassen wir uns auf die aus aller Welt über die Informationsnetze zusammengetragenen Nachrichten und auf Google und Wikipedia, um aktuell informiert zu sein. Warum aber sollte die immer dichtere und schnellere Vernetzung nur unser Informationsverhalten verändern? Nahezu alle Lebens- und Arbeitsprozesse sind in den Industrienationen mittlerweile mit digitaler Informationstechnik vernetzt, und das wirkt sich nicht nur auf den Fluss von Informationen aus, sondern verändert in rasanter Geschwindigkeit unsere Unternehmen, Organisationen, Bildungseinrichtungen und politischen Institutionen.

Nehmen Sie noch einen Schluck Tee zu sich und dann einen der Lexikonbände in die Hand, setzen Sie sich in einen bequemen Sessel und kosten Sie den Moment in aller Ruhe aus. Atmen Sie tief durch und freuen Sie sich. Freuen Sie sich mit mir darüber, dass Sie Zeuge sein dürfen eines großen Wandlungsprozesses, der erneut die Geschichte der Menschheit fundamental ändern wird. Erleben Sie bewusst den Übergang vom Brockhaus-Denken zum vernetzten Denken – zum Network Thinking.

Es ist wie bei Gutenberg, nur anders

Noch einmal tief durchatmen und noch einen Schluck Tee vielleicht, denn eine Nachricht kann ich Ihnen leider nicht ersparen: Dieser Wandlungsprozess ist irreversibel. Unwiderruflich werden wir das alte Denkmodell verlassen, so wie der Brockhaus unser Bücherregal früher oder später für immer verlassen wird. Das Verschwinden des

Brockhaus ist vielleicht das beste Zeichen dafür, dass die digitale Revolution eine mindestens so schwerwiegende gesellschaftliche Bedeutung hat wie die Einführung des Buchdrucks seit Gutenberg.

Wie aber sieht nun dieses neue, vernetzte Denken aus? Den Übergang von Brockhaus zu Wikipedia und Google haben wir in den letzten Jahren schon erlebt und mitvollzogen, doch wie manifestiert sich dieses neue, vernetzte Denken in Unternehmen, in der Gesellschaft, in Politik und Familie? Wie sollen wir überhaupt vernetzt denken können, wenn unser gesamtes Bildungssystem nach wie vor im Brockhaus-Denken verhaftet bleibt? In den folgenden Kapiteln will ich Sie mitnehmen auf eine Reise durch Chefetagen, Lehrerzimmer, Forschungslabore, Ministerien und Krankenhäuser, Wohlfahrtsverbände und Hochschulen, um Beispiele für das neue Denken und eine neue Praxis anzuschauen und um darüber nachzudenken, wie wir selbst nicht nur Beobachtende, sondern aktive Mitspieler in diesem Wandlungsprozess sein können.

 **Der Wandel in unserem Denken wird irreversibel sein.**

An diesem Punkt musste ich das Schreiben vorläufig unterbrechen, um meinen Rucksack zu packen und mich auf den Weg zu machen in die Mitte von Berlin. Dort war ich zu einem Gespräch verabredet mit einem Vorstandsvorsitzenden, dem CEO von Audi. Meinen autovernarrten Sohn hatte ich schon vor Tagen darauf vorbereitet, dass ich diesen Sonntag nicht wie üblich mit ihm zu Hause verbringen könnte, und ihn gebeten, einmal sein Traumauto aus Lego zu bauen, das ich zu dieser Verabredung dann mitnehmen wollte. Das Ergebnis übergab er mir als Geschenk für den »Bestimmer von Audi«, wie er so schön sagte. Es war die vierte Version, wie er mir erklärte, die ersten drei schienen ihm etwas zu verrückt geraten. Dieses Legomodell steckte ich nun in meinen Rucksack und machte mich auf den Weg.

Legobausteine gehören nicht nur zum bevorzugten Spielzeug meines Sohnes, sie ziehen sich wie ein roter Faden auch durch mein Leben. Aus den Steinen eines Baukastens kann man das vorgegebene Modell eines Schiffs oder einer Polizeistation bauen – man kann sich aber auch die Freiheit nehmen, etwas völlig anderes daraus zu konstruieren. Die Steine sind simpel, passgenau zusammenzusetzen zu jeder nur vorstellbaren Form. Legosteine begleiteten mich durch meine Kindheit hindurch und ganz stark wieder in den letzten Jahren in der School of Design Thinking. Die Spielsteine eignen sich hervorragend dafür, in kurzer Zeit komplexe Sachverhalte plastisch darzustellen und eindrücklich zu vermitteln. Ganz nebenbei aktivieren die Klötzchen den kreativ-intuitiven Teil unseres Denkapparates und lösen damit neue Denkprozesse aus. »Denken mit den Händen« nennen wir am Hasso-Plattner-Institut diesen Prozess.

 Lego hilft unserer Vorstellungskraft auf die Sprünge: Mit den Händen lässt sich weiter denken.

Auch die beiden Google-Gründer, Sergey Brin und Larry Page, haben einst die ersten Modelle ihrer Server-Farm mit Lego gebaut. Lego hat sich mittlerweile generell zu einem wichtigen Element des Prototypings für Manager entwickelt. Kjeld Kirk Kristiansen, der Enkel des Lego-Firmengründers, kam schon 1996 auf die Idee, die Legosteine nicht nur als Spiel für Kinder zu konzipieren. Ebenso geeignet schienen sie ihm für die strategische Planung. Also entstand 2002 Lego Serious Play, das bis heute zum Einsatz kommt als strategisches Planungstool bei Managementtrainings.

Die sich einem Ende zuneigende Brockhaus-Ära hinter-
lässt uns ein Denken und damit verbundenes Handeln,
das einer komplexer werdenden Welt nicht mehr gerecht
wird. Komplexität entzieht sich dem linearen Modus des
theoretischen und praktischen Zugriffs auf die Welt. Vernetzung, Enthierarchisierung, Entwickeln und Konzipieren
im Team, Öffnen und Teilen von Wissen, kurz: der radikale
Wandlungsprozess unserer kulturellen Praxis ist nicht mehr
nur optional. In ihm liegt die Herausforderung und Aufgabe
für die nahe Zukunft.

02 / Kein Hauen und Stechen mehr

WARUM DEUTSCHE AUTOBAUER VOR EINER UNFÖRMIGEN KARTOFFEL ANGST HABEN

Das Legoauto meines Sohnes stelle ich auf den Tisch. Mir gegenüber steht Rupert Stadler, Vorstandsvorsitzender der Audi AG, einer der wichtigsten Automanager im Land. Unter seiner Leitung produzieren 70 000 Mitarbeiter 1,3 Millionen Autos, die in alle Welt verkauft werden, und entwickeln Konzepte für die Mobilität der Zukunft. Zwischen uns eine Moderatorin, die mit Fragen durch den Morgen führt. Wir befinden uns in der Humboldt-Box in Berlin. Es ist der 9. November 2014. Berlin ist erfasst vom Gedenken an 25 Jahre Mauerfall, quer durch die Stadt zieht sich eine Installation aus 8000 leuchtenden weißen Ballons, die sogenannte »Lichtgrenze« entlang des früheren Mauerverlaufs. Später sollen die Ballons – dramaturgisch ausgeklügelt – in den Himmel steigen. Es ist ein klarer, kalter Tag.

Rupert Stadler und ich sind verabredet an diesem Sonntagmorgen, um über die Zukunft zu reden, über die Faktoren, die relevant sind für die Mobilität und für die Arbeitswelt. Wir sind etwa gleich alt, beide auf dem Land aufgewachsen. Audi hat für dieses Treffen mit der Humboldt-Box einen ganz besonderen Ort gewählt. Sie befindet

27

sich mitten in Berlin am Rande der Großbaustelle, auf der gerade das Berliner Stadtschloss mit dem Humboldt-Forum neu entsteht, und dient als Info-Plattform. Berlin baut sein altes Barockschloss wieder auf. Und wir sprechen über Zukunft.

Aber es ist nicht nur das historische Schloss an diesem historischen Tag, das den Rahmen bietet, kontextprägend sind auch die Humboldt-Brüder Alexander und Wilhelm und die nach ihnen benannte Universität, die seit über 200 Jahren Zigtausenden von Studierenden Heimstatt für Bildung ist. Alexander von Humboldt war ein Pionier des Interdisziplinären. Er forschte an Astronomie und Zoologie, an Bananen und Vulkanen. Er wollte die Dinge verstehen, ohne damit den Anspruch zu verbinden, auf allen Gebieten Experte zu werden. Im Gespräch mit Stadler betone ich, wie wichtig diese Offenheit sei, dieses multidisziplinäre Denken. Und Stadler ergänzt: »Ja, es fällt vielen Menschen schwer, über Fachgrenzen hinwegzudenken.« Die meisten seien zu Spezialisten ausgebildet. »Dabei wird es in Zukunft entscheidend sein, über den Tellerrand zu blicken und sich zu vernetzen«, sagt Stadler. Und alles Gesprochene hat Symbolkraft.

➤ Wichtig wird sein, die festgelegten Grenzen im Denken zu überwinden, Fachdisziplinen, Abteilungen, Spezialisten und Experten aus ihrer Abschottung zu holen.

Die Mauer ist vor 25 Jahren gefallen. Im Jahr 1989 verschwand, was die Menschen einer Stadt, eines ganzen Landes für 28 Jahre trennte. Dieser Tag wird heute gefeiert. Und wir, der Automanager und ich, sprechen darüber, wie wir die Grenzen der Disziplinen aufbrechen können, das starre Abteilungsdenken loswerden. Wir tun dies auch mit Blick auf ein anderes 25-jähriges Jubiläum, dem Start des World

Wide Web 1989, mit dem das Internet endlich nutzbar wurde für mehr als abgeschlossene militärische oder wissenschaftliche Zirkel. Durch die Arbeit von Tim Berners-Lee bekam die schon seit dem Ende der 1960er Jahre existierende technische Infrastruktur Internet endlich eine Benutzeroberfläche – für jedermann verständlich und nutzbar. Damit war die digitale Revolution, über die wir gerade sprechen, erst wirklich in Gang gesetzt.

Ewig wird das nicht so weitergehen

Dass große deutsche Autokonzerne wie Audi Interesse an neuen Denkmodellen haben, ist nicht nur an Elektromotoren und selbststeuernden Autos abzulesen. Auch daran, dass die Unternehmen erkannt haben, dass es nicht mehr reicht, ausschließlich in technischen Strängen weiterzuentwickeln, erstklassiges Design abzuliefern und in Produktlinien zu denken. Immer mehr wird ihnen bewusst, dass die prägenden Faktoren der weiteren Entwicklung von außen kommen, von veränderten Präferenzen und Verhaltensweisen der Menschen, technologischen Fortschritten in anderen technischen Bereichen, vor allem der Softwareindustrie und globalen Megatrends.

So beginnen auch Automobilkonzerne, sich einer immer schneller sich wandelnden Welt zu stellen. Audi hat hier mit dem »Audi Urban Future Award« vor vier Jahren einen ganz besonderen internationalen Wettbewerb gestartet, der auf den ersten Blick gar nicht zu einem Automobilunternehmen zu passen scheint. Weder »Auto« noch »Mobilität« kommen in dem Titel vor, man könnte einen Architektur- oder Stadtplanungswettbewerb dahinter vermuten. Und doch stellt der Wettbewerb die Fragen, die für ein Automobilunternehmen immer bedeutsamer werden. Wie verändern sich städtische Lebensräume, insbesondere in den Metropolen, durch den rapiden Wandel menschlicher Verhaltensweisen und Wertesysteme in einer global vernetzten Welt? Nicht mehr Einzelpersonen sind hier aufgerufen, Lösungen zu liefern, sondern ganz bewusst Konsortien aus unterschiedlichen Organisationen und Unternehmen, Teams aus Zukunftsforschern, Urbanistikexperten, Architekten und Soziologen.

So treffe ich dann am Nachmittag in der Jurysitzung des Audi Urban Future Award wieder auf Rupert Stadler. Vier Teams aus Boston, Mexico City, Seoul und Berlin präsentieren hier in der Endausscheidung ihre Szenarien zu städtischer Zukunft. Fünfzehn Minuten hat jedes Team Zeit, um seine monatelange Entwicklungsarbeit vor der neunköpfigen internationalen Jury zu präsentieren. Allen Beteiligten ist klar, dass die rapiden Veränderungen städtischer Lebensweisen einen massiven Einfluss haben auf das Verhalten der Menschen und damit auch auf das Mobilitätsverhalten. Das Auto ist nicht mehr, wie in den vergangenen Jahrzehnten, die permanente technische Weiterentwicklung der motorisierten Pferdekutsche. Das Auto definiert sich neu durch radikal veränderte, auf Nachhaltigkeit orientierte Verhaltensweisen global und digital vernetzt agierender Menschen und wird vielleicht schon in wenigen Jahren gar kein »Auto« mehr sein.

Die Teams präsentieren kühne Ausblicke in die Stadtlandschaft des 21. Jahrhunderts. Das Team aus Mexico City fragt sich, warum die großen Städte so wenig mit leicht zu erhebenden Daten über die Verkehrsbewegungen arbeiten, die Daten nicht aggregieren und großflächig auswerten – »Big Cities – Small Data« also. Es plädiert in seinem Beitrag für eine massive Verknüpfung und systematische Analyse vorhandener Informations- und Datenströme über die städtische Mobilität – »Big Cities – Big Data« –, um große Entwicklungsvorhaben, Wohnungsbau und Straßenbau, viel effizienter und näher am Menschen zu planen. Und das Berliner Team präsentiert visionäre

Gedanken zum selbstfahrenden Auto. Aus bereits existierenden Elektrofahrzeugen ließe sich ohne großen Aufwand durch automatisches Aneinanderkoppeln ein öffentliches Verkehrsmittel konstruieren, das über festgelegte Routen Stadtteile miteinander verbinden und die Fahrgäste direkt nach Hause transportieren könnte.

Ein Auto zu bauen bedeutet heute mehr, als das schönste oder beste oder schnellste Fahrzeug aller Zeiten zu präsentieren. Ideen von »Nichtexperten« zur Mobilität von morgen und zu veränderten Mobilitätswünschen der Konsumenten sorgen bei Experten für reichlich Unruhe.

»Sie kennen die Zahlen?«

Allein diese Ausschreibung, in der der Begriff »Mobilität« gar nicht zu finden ist, belegt die Offenheit, mit der große Unternehmen auf der Suche nach Orientierung sind. Und es ist gut, dass sie in Zeiten des Erfolgs beginnen, sich einer Welt im Wandel zu stellen – bevor es zu spät ist.

Bei anderen ist der Druck größer. Vor einiger Zeit kam beispielsweise der CEO eines großen Energiekonzerns in unser Institut – 60 000 Beschäftigte, ein Big Player. Es war ein lange vorbereiteter Termin. Und dann kam er, blickte kurz auf die Lego- und Playmobilteile, die bei uns in den Regalen stehen, schien etwas irritiert und sagte dann nur: »Sie kennen die Zahlen.« Es schaue nicht gut aus, die Energiewende, das Abschalten der Atomkraftwerke, das käme gerade die Energiekonzerne sehr teuer. Er wusste, es geht nicht weiter wie bisher. Irgendwas müsse sich ändern. Er wollte aber keine klassischen

Unternehmensberater beauftragen, deren wesentliche Leistung es sei, Lösungsvorschläge nach »herkömmlicher Art« zu unterbreiten – man könnte auch sagen: das Brockhaus-Modell auszuschmücken.

Der Großteil der Unternehmensberater wenigstens denkt noch Brockhaus. Sie schauen, wie das bisherige Brockhaus-Modell optimiert, verschlankt und verbessert werden kann. Sie sprechen von »Lean Management«, von Reorganisation, von Straffung, empfehlen Stellenstreichung, wollen »Komplexität reduzieren«. Ganz nebenbei schaffen sie sich so ständig neue Beratungsfelder – ein bisher sehr einträgliches Vorgehen, können sie sich doch auf diese Weise immer wieder als bestens geeignet für die Umsetzung ins Gespräch bringen. Die wird dann in aller Regel für die Unternehmen sehr teuer – und führt, auch in aller Regel, am Ziel vorbei. Zumal in Zeiten des radikalen Wandels, in denen Probleme mit Case-Studies und alten Rezepten kaum noch zu bekämpfen sind.

Es geht nicht mehr darum, alte Strukturen »lean« zu machen oder gar zu optimieren. Es geht darum, sich von ihnen zu verabschieden, endgültig zu verabschieden – und zu lernen, mit stetig wachsender Komplexität umzugehen und Chancen dabei zu entdecken. Die Chancen, die sich ergeben, wenn man tatsächlich in vernetzten Strukturen denkt. Und Chancen, die sich am Anfang manchmal ausnehmen wie die Kannibalisierung des eigenen Geschäfts. Die klugen Köpfe haben erkannt, dass sie ein Unternehmen nur erfolgreich umbauen, wenn sie radikal vorgehen. Ein »bisschen« Wandel geht eben nicht.

In Zeiten, in denen ein Zehn-Mann-Start-up einen klassischen Industriezweig kapern und alteingesessene Firmen in kürzester Zeit vom Markt fegen kann, wird man sich nicht mehr auf die Regeln und Mechanismen der Vergangenheit verlassen können. Wenn man die digitale Vernetzung nicht nur als Möglichkeit begreift, alte Freunde auf Facebook zu finden, sondern beginnt, in jeder Hinsicht in einem flexiblen Gitternetzgefüge zu denken, in dem alles in Bewegung ist und sich permanent auch neue Gruppen bilden können, entsteht die nötige Offenheit für neue Organisationsformen, die ein Überleben gewährleisten.

Wir bauen die besten Autos – reicht das noch?

Und Offenheit ist in meinem Gespräch mit dem Audi-CEO Rupert Stadler zu spüren an diesem 9. November in Berlin. Vielen Unternehmern und Managern bin ich in den letzten Jahren begegnet. Immer wieder dreht es sich in den Gesprächen um die Öffnung von Grenzen. Auch Rupert Stadler spricht davon, dass das konventionelle »Denken in Fachabteilungen« nicht mehr ausreichen wird, um mit der Entwicklung von morgen mithalten zu können. Dass es nicht mehr ausreicht, die besten Autos der Welt zu bauen, wenn sich Mobilität generell verändert und der Besitz von Fahrzeugen hinter flexiblen Mobilitätswünschen zurücktritt.

Noch scheint der Ehrgeiz der Autokonzerne ungebrochen. Unverändert streben die meisten danach, die besten, schnellsten, sichersten Autos mit den leistungsfähigsten, sparsamsten Motoren zu bauen. Sie haben »Benzin im Blut« und die ständige Optimierung vor Augen. Doch wissen gerade Autokonzerne bei all ihren Ambitionen wirklich noch, was ihre Kunden wollen? Könnte es nicht auch sein, dass sie in einer Schleife hängen geblieben sind? Viele Hersteller sehen immer noch den Autoliebhaber vor sich, der mit 240 Sachen über die Autobahn jagen will, der sein Fahrzeug als Statussymbol vor die Haustüre stellt, der stolz ist auf sein Gefährt, der viel Geld für das bezahlt, was die Branche unter dem Begriff »Fahrvergnügen« subsumiert. Sogar Rupert Stadler erzählt mir begeistert von dem geglückten Experiment mit dem schnittigen RS7-Sportwagen, den Audi komplett ohne Fahrer mit 240 Stundenkilometern über den Hockenheimring brausen ließ. Sein Blitzen in den Augen verrät den Technikbegeisterten, der seit 25 Jahren sein Leben dem Automobil widmet.

Aber halt! Sprachen wir nicht gerade von sich ändernden Verhaltensweisen bei Konsumenten, die die Weiterentwicklung von technologischen Spitzenprodukten maßgeblich mitbestimmen? Und eben war, wie dem aufmerksamen Leser aufgefallen ist, die Rede von einem Audi-Produkt, in dem gar kein Mensch mehr sitzt, niemand also, auf dessen Wünsche mit einem selbstfahrenden Rennwagen reagiert wurde. Oder hatten die Audi-Ingenieure vielleicht die Zuschauer auf den Tribünen im Auge, die eventuell Spaß daran finden könnten, Maschinen gegen Maschinen antreten zu sehen? Wie die Fans der Robot Fighting Association, die sich begeistert ansehen, wie Roboter andere Roboter in der Arena funkensprühend in Stücke sägen. Aber sind es wirklich noch so viele, die davon träumen, mit 240 Stundenkilometern über die Autobahn zu rasen? Oder geht da nicht auch etwas zu Ende?

Die meisten Menschen heute sind vorwiegend an Mobilität interessiert. Sie wollen von A nach B kommen – kostengünstig, sicher und bequem. Und da wären wir bei einem anderen Unternehmen: Google.

Linda und Walt

Beim Thema Google, dem Suchmaschinenriesen, kam einem zumindest bisher nicht spontan die Automobilbranche in den Sinn. In meinem Brockhaus aus dem Jahre 1984, der den Leser unter dem Stichwort »Automobil« noch auf den Band »K« unter »Kraftwagen« verweist, ist unter »S« zwar »Suchscheinwerfer«, nicht jedoch »Suchmaschine« zu finden. Kein Wunder, denn der Begriff war damals noch gar nicht geprägt, das Unternehmen Google ging erst 1998 online. Seitdem ist Google auch unter »S« wie »Suchmaschine« im Brockhaus verortet worden. Kein Fund allerdings unter »A« wie »Automobil«, geschweige denn unter »K« wie »Kraftwagen« zum jungen Unternehmen aus dem Silicon Valley. Dennoch hat der Internet-Konzern die Automobilbranche Mitte 2014 mächtig in Aufregung versetzt. Das gelang ihm mit der öffentlichen Präsentation des Prototyps seines selbstfahrenden Autos. Auf dem Google-Campus in Mountain View fährt diese kleine unförmige Kartoffel, die an ein zu groß geratenes 3-D-Android-Logo auf Rädern erinnert, herum. Unter anderem mit Linda und Walt, einem älteren Ehepaar, die sich freuen darüber, dass nicht mehr gelenkt und aufs Gaspedal gedrückt und auch nicht mehr gebremst werden muss. Lenkrad, Gaspedal und Bremse gibt es nämlich im elektrisch betriebenen Zweisitzer nicht mehr. Den Spaß, den die beiden und die anderen »Testfahrer« haben, kann man verfolgen in einem YouTube-Video. Nein, kein aufwendig produzierter Werbespot. Aufgenommen wurden die Versuchsfahrten mit der Onboard-Kamera des Roboterautos, daraus wurde dann ein kleiner Film zusammengeschnitten.

Der Mut, eine unfertige Neuentwicklung vor den Augen der Öffentlichkeit zu testen, birgt die Chance, unentdeckte Konsumentenwünsche in die Produktentwicklung zu integrieren.

Dieses kleine, ganz unspektakulär daherkommende Video macht dennoch schlagartig klar, warum die Automobilbranche in Google nun plötzlich einen neuen Mitspieler sieht, der auf dem besten Weg ist, ein ernster Herausforderer zu werden. Das kleine Filmchen vermittelt vor

allem auch eine Ahnung vom gewaltigen Käuferpotenzial der selbstfahrenden Autos. Allen voran gelten die Senioren als wichtige Ziel-
und Käufergruppe. Ältere Menschen, die ein Leben lang Auto gefahren sind, sich nun nicht mehr trauen oder schlicht nicht mehr wollen
und deshalb abhängig sind vom Angebot der öffentlichen Verkehrsmittel, das aber speziell in ländlichen Regionen immer mehr reduziert
wird. Zu den potenziellen Käufern kann auch der Sehbehinderte gehören, dem sich mit einem selbstfahrenden Auto völlig neue Reich-
weiten erschließen. Oder auch die Mutter, die sich bei der Fahrt lieber
um die beiden Kinder kümmern will als um den Gegenverkehr. Und
vielleicht ja auch die Schülergruppe, auf die mittags nach der Schule
ein Auto wartet, das sie sicher zu Hause abliefert.

Der Prototyp eines fahrerlosen Gefährts ist jedenfalls da und kann
ausprobiert werden. Tests in diesem frühen Entwicklungsstadium
liefern Erkenntnisse, die Einfluss nehmen auf die Planung des nächsten Prototyps. Gewiss, es ist noch ein weiter Weg bis zu serienreifen
Fahrzeugen, bis autonom fahrende Vehikel einmal den Straßenverkehr dominieren. Eins hat dieses Google-Projekt aber jetzt schon
bewirkt: Die deutschen Automobilkonzerne sind mutiger geworden.
Hatte man bisher die Neuentwicklungen im hermetisch abgeriegel-
ten Testgelände zum Ersteinsatz gebracht, unter Ausschluss jeglicher
Öffentlichkeit, fühlte man sich in Zugzwang gebracht und testete vor
aller Augen, was hinter den Kulissen geplant und gebaut worden war.

Scheinbar ohne jeden Plan

Allen voran Audi mit dem fahrerlosen RS7 auf der ersten, mit 240 Stundenkilometern absolvierten Rennstrecke und dann noch eine 900 Kilometer lange fahrerlose Fahrt vom Silicon Valley nach Las Vegas. Mit Stolz berichtet Rupert Stadler in unserem Gespräch von diesen großen Meilensteinen und zeigt mir den Sportwagen RS7, der selbststeuernd über den Hockenheimring fegte. Auch davon gibt es ein Video im Netz, das allerdings eine aufwendig hergestellte Dokumentation eines medienwirksamen Spektakels ist: Vor Hunderten geladener Gäste auf den Zuschauerrängen wird der fahrerlose Sportwagen auf die Rennstrecke geschickt. Die Testfahrt wird professionell moderiert und kommentiert, für alle, die es nicht glauben oder wissen, wird eigens noch einmal darauf hingewiesen, dass hier kein Mensch mehr hinterm Steuer sitzt. Und so fragt man sich schon nach kurzer Zeit, für wen dieser teure selbstfahrende Sportwagen eigentlich entwickelt wurde. Es fehlen die kleinen emotionalen Äußerungen von Menschen, die ahnen lassen, dass es hier um mehr als die Demonstration technischer Machbarkeit gehen könnte.

Echte Neuentwicklung bedeutet heute, möglichst viele möglichst verschiedene Aspekte zusammenzuführen, das heißt, das Denken und die Praxis unterschiedlichster Fachrichtungen zu kombinieren.

Doch wie kommt ausgerechnet Google dazu, plötzlich und ohne große Vorankündigung nun auch unter »A« wie »Automobil« an die Öffentlichkeit zu treten? Noch dazu vorerst ohne erkennbaren Plan, wie ein solches Fahrzeug in Serie gebaut werden könnte? Und dennoch entwickelt der Konzern das selbstfahrende Auto, das einen von A nach B bringen soll, ohne dass man schalten, lenken oder bremsen muss. Der Konzern hat einen Prototypen vorgestellt in einer Entwicklungsphase, in der ein gestandener Autoingenieur es nicht einmal wagen würde, davon zu sprechen. Aus Sicht deutscher Autohersteller war das Modell nicht vorzeigbar. Google war da offensichtlich anderer Ansicht und hat es vorgeführt. Warum?

Weil das Unternehmen seit seiner Gründung 1998 einem vernetzten Denk- und Arbeitsmodus vertraut und von vornherein jede Art von tradierter Brockhaus-Struktur gar nicht erst eingeführt hat. Und dieser Modus bedeutet, alles mit allem zu verknüpfen, nicht vorzeitig zu bremsen und Dinge nicht grundsätzlich für unmöglich zu halten, sondern alles an Ideen und Vorschlägen auszuprobieren. Nicht nur, um herauszubekommen, ob sie überhaupt funktionieren, vielmehr um zu erfahren, ob damit vielleicht Kundenwünsche – und seien es eben selbstfahrende Autos – zu treffen und zu erfüllen sind. »Einen Moonshot wagen« heißt das bei Google und meint, nicht in kleinen Schritten voranzudenken, sondern ungehindert der Ambition zu folgen, etwas Bedeutendes für die Menschheit zu erreichen.

Könnte ja auch bei der Mobilität klappen. Der Konzern hat die Verkehrsdaten der Welt, verfügt mit Google Earth und Google Maps über das globale Kartenmaterial und kennt fast das gesamte Straßen- und Wegenetz der Welt. Da liegt es schlicht nahe, ein Fahrzeug zu entwickeln, das diese Daten nutzt und gleichzeitig Fahrdienstleistung anbieten kann. Einfach mal ausprobieren.

So denkt Google. Einfach machen. Es finden sich ein paar Leute zusammen, die sich vorgenommen haben, ein selbstfahrendes Auto zu entwickeln. Und das sind dann nicht irgendwelche Ingenieure, sondern die besten, die derzeit zu finden sind. Google ist es in den letzten Jahren gelungen, eine Arbeitskultur an den jeweiligen Standorten zu schaffen, die hochgradig anziehend wirkt auf kreative, innovationsorientierte Menschen. Mehrjährige Entwicklungsphasen durchstehen, Ideen ausfeilen bis zur Perfektion, Produkte am grünen Tisch entwerfen – das ist es nicht, was diese Kreativen sich vorstellen. Die, die bei Google mitmachen, sind offen, offen für gewagte Ideen, kühne Experimente, schnelles Ausprobieren.

Lineares Denken kostet Zeit. Kreative schätzen den schnellen Prozess. Schnelles Ausprobieren und schnelles Feedback bringen Entwicklung schneller voran.

Offen zum Beispiel auch für die Frage: Wie sieht Mobilität aus im 21. Jahrhundert? Was man für eine versuchsweise Beantwortung braucht, ist eine Umgebung, die es erlaubt, vieles auszuprobieren, und eine Kultur, in der Fehler als Teil der Lernprozesse gesehen werden und nicht als Vorstufe des Scheiterns. Im besten Fall entsteht etwas Neues, das sogar Experten, die Profis der Branchen, überrascht.

Möbel beeinflussen Verhalten

Einer dieser Profis stand mir gegenüber. Im Rahmen des Audi Urban Future Award hatten wir uns am geschichtsträchtigen 9. November 2014 verabredet, um gesprächsweise einen weiten Blick in die Ferne zu wagen – und das umgeben von speziell vom Hasso-Plattner-Institut entworfenen Möbeln.

Die Mitarbeiter von Audi wollten für den Gesprächstermin unsere neuen sechseckigen Arbeitstische mit den passenden Stehhockern dazu. Wir haben diese Tische gemeinsam mit dem Berliner Unternehmen System 180 entwickelt, das die Möbel auch produziert. Diese Sechsecker haben den entscheidenden Vorteil, dass sie keine Hierarchie entstehen lassen. Egal wo am Tisch jemand steht oder auf einem der Stehhocker zu sitzen kommt, niemand kann so etwas wie eine »präsidiale« Position einnehmen. Jeder in der Runde ist so viel und so wenig Chef wie sein Nachbar. Alle spüren die Freiheit, aber auch die Pflicht, zur Lösung beizutragen, zu einem Teil davon zu werden. Bei rechteckigen Tischen, dem Standardformat in den meisten Konferenzräumen, ergibt sich unwillkürlich eine Hierarchie. Die Schmalseiten sind automatisch denjenigen vorbehalten, die so etwas wie, nun ja, den »Kopf« der Veranstaltung bilden.

Wie lernt man vernetztes Denken? Die richtige Umgebung, das richtige Arbeitsmaterial fördern die kreative Ideenfindung.

Auch einige unserer Whiteboards wurden von den Audi-Leuten im Transporter zur Humboldt-Box gefahren. Ich befand mich auf fremdem Terrain, das aber dennoch irgendwie vertraut wirkte. Fast fühlte ich mich wie daheim. Außerdem hatte ich ja auch noch das Legoauto meines Sohnes dabei. Wir thematisierten anhand der für Teamarbeit optimierten Möbel, wie stark Architektur und auch Innenarchitektur das menschliche Verhalten beeinflusst.

Wir fangen an, über unser bisheriges lineares Denken zu sprechen, darüber, was das Denken in Disziplinen und Geschäftsbereichen, immer streng dem Organigramm entlang, bis heute gebracht hat. Es hat uns über Jahrzehnte Sicherheit gegeben, jeder hatte seinen Bereich, in dem er sich aufgehoben fühlte – mehr brauchte es nicht. Aber heute reicht das nicht mehr, schon gar nicht wird es für morgen reichen. Wer weiterhin damit an die Themen der Zukunft herangeht, so sind wir uns im Gespräch einig, wird scheitern. Dann zeichne ich mit einem Jumbo-Whiteboard-Marker mein Bild. Auf einer riesigen gläsernen Tafel, vom gesprächsbegleitenden Kamerateam speziell gewünscht.

Folgen Sie dem Pfeil

Ein paar senkrecht und parallel verlaufende Striche, je einen horizontalen darüber und darunter, links davon ein »A« und rechts ein »Z«, schon hat man vor sich eine altvertraute Struktur, die stilisierte Version des Brockhaus. Eine beruhigende symmetrische Form, aus vielen Kontexten bekannt. Unter diese Skizze wahllos ein paar Punkte gesetzt, die durch Linien verbunden werden, so dass eine Netzstruktur entsteht. Im Vergleich erscheint das Netz wie ein unentwirrbares Knäuel, das keinen Anfang, kein Ende hat, kein Oben und kein Unten. Stellt man sich diese Netzstruktur jetzt noch im dreidimensionalen Raum vor, in dem die Punkte schweben und ständig in Bewegung sind, dann gerät daraus vollends ein wirres Knäuel, ein undurchdringliches Dickicht, etwas, das irritiert, vor dem man vielleicht sogar Angst bekommen könnte. Vor allem, wenn ich dann noch einen Pfeil dazuzeichne, dessen Spitze weg von Brockhaus in Richtung Netzwerk zeigt und indiziert, dass dies unwiderruflich ist, kann man schon etwas unruhig werden.

Dieser Pfeil ist es, worauf es ankommt. Ein kleines Kreuz am stumpfen Ende des Pfeils steht für mich selbst – ich bin selbst erst ein paar Schritte gegangen auf diesem neuen Weg des vernetzten Denkens. Ich bin genauso ein Kind unseres Bildungssystems, habe auch das trennende Denken vermittelt bekommen, bin gewohnt, etwas einzuordnen, zu sortieren und in Schubladen zu packen.

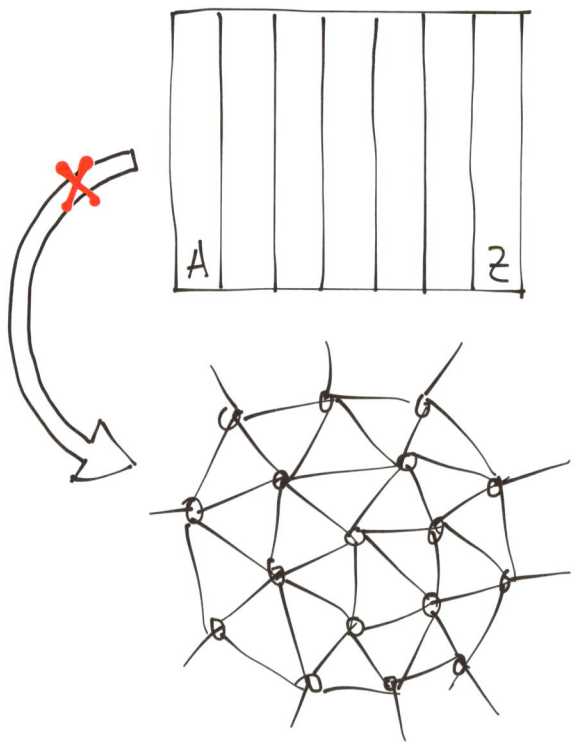

Meine Studenten sind ein klein wenig weiter auf diesem Weg, immerhin als »Digital Natives« schon mit Mobiltelefonen aufgewachsen und in dem Glauben, sie seien wunderbar vernetzt. Vernetzt sind in der Tat die kleinen Glasplatten, die fast alle bei sich tragen, da spricht Google mit Apple mit Microsoft – problemlos. Ihre Köpfe sind aber immer noch in der alten Weise konditioniert. Wir sind alle auf dem Weg in die neue Richtung, in den neuen Modus, die vernetzte Denk- und Organisationsstruktur, aber wir sind gerade erst am Anfang.

Ich habe dieses Modell schon auf zahlreiche Flipcharts gezeichnet, auf Whiteboards, in mein iPad, auf kleine Notizzettel, Servietten, auf Blöcke. Ich habe vielen von Brockhaus erzählt und erklärt, warum es so wichtig ist, dem Pfeil zu folgen. Viele Manager sind noch recht sorglos. Sie verlassen sich auf ihre Professionalität, auf ihre »gewachsenen Strukturen«, auf ihre Erfahrung und »Kompetenz« – und irgendwann geht es ihren Unternehmen dann wie dem Brockhaus.

Expertentum ist zu wenig

Um nicht missverstanden zu werden: Fachwissen ist auch heute noch elementar. Ohne Fachwissen gerät ein chirurgischer Eingriff zum Gemetzel und ein Brückenbau zur tödlichen Falle. Aber das Fachwissen allein reicht nicht mehr aus. Es reicht auch nicht mehr, wenn Experten sich zu homogenen Expertenteams zusammentun. Erst die Zusammenarbeit unterschiedlicher Disziplinen ermöglicht, dass komplexe Lösungsszenarien entstehen.

Besonders in Deutschland herrscht immer noch das institutionalisierte Leitmotiv: Lieber nichts tun, als das Falsche zu tun. Ein grundlegender Denkfehler, der nur dazu taugt, Neuerungen aufzuhalten.

Es ist allerdings schwer, sich mit dem radikalen Gedanken der Vernetzung anzufreunden, zu begreifen, dass auch ein vermeintlicher Nichtfachmann eine zielführende Idee haben, eine Innovation vorantreiben kann. Das Laien-Lexikon Wikipedia ist da nur ein Beispiel von vielen. Doch wie wollen wir zu Netzwerk-Denkern werden, wenn wir die Grundlagen nicht schon in der Schule lernen? Das Gespräch mit Rupert Stadler kreist um das lebenslange Lernen, das auch im Unternehmen immer wichtiger wird.

Die hässliche Kartoffel

In der Humboldt-Box geht es nun auch um die Frage, warum die großen Innovationen der letzten Jahrzehnte aus dem Silicon Valley kommen und nicht aus Deutschland. Übertragen auf Fahrzeuge heißt das wohl, dass wir bald alle ein Google-Car fahren, fragt die Moderatorin.

»Mit Sicherheit nicht!«, antwortet Rupert Stadler. Und verweist darauf, wie technologisch fortgeschritten der Audi-Konzern in Sachen autonomes Fahren bereits ist. Er nennt das »pilotierte Fahren« als Beispiel dafür, dass Innovationen eben nicht nur aus dem Silicon Valley kommen. Wir sprechen über den Mut zu Neuem, den Google und Tesla bewiesen hätten. »Sie trauen sich auf Gebiete, auf denen sie wahrlich keine Experten sind.« Ich verweise auf die kleine hässliche Kartoffel, den Prototypen von Google, und dass kein deutscher Automobilhersteller es jemals gewagt hätte, eine so frühe Version öffentlich zu zeigen.

Dann sprechen wir noch über Fehler, darüber, ob wir Deutschen lieber nichts machen, als etwas falsch zu machen. Ich bejahe das und erkläre: »Genau das treiben wir den Studenten und Professionals mit Design Thinking aus. Scheitere früh und oft, um eher zum Erfolg zu kommen«, lautet eines unserer zentralen Prinzipien. Stadler sieht es genauso: »Wir Deutschen gehen dem Risiko gerne aus dem Weg.« Das sei Erziehungssache und müsse sich dringend ändern. »Die Angst vor dem Fehler ist der Fehler selbst.«

Das Auto denkt mit

Deshalb heißt die Devise bei Audi »The Car gets bigger than the Car«. Man arbeitet an der Vernetzung des Autos mit anderen Autos, Kommunikation mit der gesamten Verkehrsinfrastruktur. Es wird nicht mehr nur in Motoren und Getrieben, nicht mehr nur in Karosserien und Windschnittigkeit gedacht. Weil sie sich als Unternehmen gedanklich öffnen müssen. »Schauen Sie, in Los Angeles stehen Pendler zwischen Redondo Bay und Hollywood täglich eineinhalb Stunden im Stau. Wer pilotiert unterwegs ist, kann währenddessen Mails schreiben, in Ruhe mit der Familie telefonieren oder entspannen«, erklärt Rupert Stadler. Die 40 Minuten, die ich nahezu täglich von Berlin nach Potsdam und zurück unterwegs bin, würde ich auch gern in einem geschützten Raum verbringen und aktuelle Nachrichten lesen oder Vorträge und Meetings vorbereiten, statt meine Konzentration auf das Steuern eines Lenkrades zu richten.

Stadler berichtet von einer »Service Ampelinfo«, die eine perfekte grüne Welle organisieren kann, weil sich das System mit den Ampeln synchronisiert und die Geschwindigkeit des Autos darauf abstimmt. Und er spricht von einem System zum pilotierten Parken, an dem man dran sei. Er erzählt, wie sie im Unternehmen bereits hauptsächlich in Teams arbeiten, in bewusst gemischten Teams, ihre Autos also längst nicht mehr ausschließlich von Ingenieuren gebaut würden. Es roch erstaunlich wenig nach Benzin an diesem Morgen.

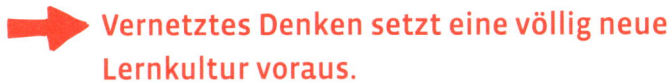

Vernetztes Denken setzt eine völlig neue Lernkultur voraus.

Sein Wissen nicht für sich behalten

Wir haben ein gutes, für beide lehrreiches Gespräch geführt: Der eine hat etwas über Network Thinking und der andere über Autoproduktion gelernt. In einem waren wir uns einig: Wir wollten alles dafür tun, dass junge Menschen an Schulen und Hochschulen so ausgebildet werden, dass sie vernetzt arbeiten können. Dazu müssen wir wegkommen von bisherigen Bewertungssystemen. In Schule, an Universitäten und in den Unternehmen werden heute immer noch vor allem Einzelleistungen in einzelnen Fächern bewertet.

Das führt dazu, dass die Menschen ihr Wissen am liebsten für sich behalten, es bestenfalls in Prüfungssituationen preisgeben. Wir müssen jedoch interdisziplinäre Teamleistungen belohnen. Stadler spricht sich sogar für ein Überdenken von Hierarchie aus. »Die Brainpower, die jeder Mitarbeiter einbringt, und nicht die Hierarchiestufe muss bestimmen, wer welche Vorzüge erhält.«

Und was heißt das für einen Chef einer Premium-Automobilmarke? Hat der Chef dann noch den Hut auf? Wir sprechen von einem »Führungsleitbild«, bei dem »Wertschätzung und Vertrauen im Zentrum stehen«. Aber wir sehen beide: Erfolgreich wird der sein, der Wände in den Köpfen einreißt und sein Wissen durch Zusammenarbeit potenziert.

Rupert Stadler hat nach unserem Treffen noch einen Vortrag bei der »Falling Walls«-Konferenz zu halten. Wir wandern an diesem historischen Tag also noch gemeinsam zum Brandenburger Tor und machen ein paar Handy-Fotos von den Luftballons, die in die Höhe steigen und die fallenden Mauern symbolisieren. Unterwegs sprechen wir über China, und er bestätigt: Ja, das sei der wichtigste Markt von Audi. Das habe ich auch selbst erlebt. Audi ist beispielsweise die bevorzugte Automarke von chinesischen Hochschullehrern. Wer als Professor etwas auf sich hält, fährt Audi. Wie zum Beispiel Professor Liao Xiangzhong.

Fachwissen allein hilft heute nicht mehr weiter. Experten, die weiterhin unter sich bleiben, werden an den Menschen und ihren Vorstellungen vorbeientwickeln. Denn wenn schon in der Automobilindustrie – einer der wichtigsten und robustesten Branchen in Deutschland – die Suche nach Neuorientierung begonnen hat, stehen die Zeichen wohl tatsächlich auf Veränderung. Die rastlose Optimierung des einzelnen Produkts, die unanfechtbare technologische Spitzenleistung, die Ingenieurskunst auf höchstem Niveau, kurz: der Wettkampf um des Wettkampfs willen verliert ganz offensichtlich an Zugkraft. Ein Grund dafür ist, dass Konsumenten immer weniger nach dem Schnellsten, dem Besten und dem Schönsten fragen, sondern den Nutzen, den ganz pragmatischen Vorteil ins Zentrum ihrer Überlegungen stellen. Deshalb lautet die Formel des vernetzten Denkens: Frage die Menschen, beobachte die Menschen, versuche, die Menschen zu verstehen.

03 / Wissen ist für alle da

WARUM CHINESEN BEIM NETWORK THINKING IM VORTEIL SIND

Professor Liao holt mich am Flughafen ab. Er begrüßt mich mit chinesischer Herzlichkeit und führt mich rasch zu seinem Wagen, einem Audi A8 – seinem Dienstwagen, inklusive Fahrer. Es ist ihm eine Ehre, mich persönlich in die Innenstadt zu begleiten, es ist aber auch eine Chance, mir seinen Wagen zu zeigen. Ich bin beeindruckt von der Karosse und freue mich mit ihm über seinen Erfolg, für den unter anderem auch dieser große Dienstwagen steht.

Wir unterhalten uns eine Weile über den chinesischen Automarkt, Elektromobilität und die neuen Regeln im Pekinger Straßenverkehr, die Privatfahrzeuge nur jeden zweiten Tag für Fahrten durch die Innenstadt erlauben, um die Luftverschmutzung noch irgendwie im Griff zu behalten. Liao öffnet die Tür, steigt ein und freut sich über das Geräusch des anspringenden Motors. Vermutlich freut er sich darüber jedes Mal. Ich freue mich mit ihm. Und dann fahren wir in die Innenstadt.

Es ist Herbst 2014, und in Peking soll ein neues Institut gegründet werden, das Design Thinking Innovation Center. Mir ist die Rolle des Ehrendirektors dieses Instituts zugedacht. Damit schließt sich für mich ein Kreis.

2007 hatte ich nämlich kurzfristig meine Pläne geändert und damit bedauerlicherweise meine chinesischen Freunde vor den Kopf gestoßen. Das ist bei Chinesen, die bei jedem Konflikt darauf achten, dass alle Beteiligten ihr Gesicht wahren können, nicht unproblematisch. Mein Plan war nämlich gewesen, auf Einladung der Communication University of China (CUC), der weltgrößten Medienhochschule, ein halbes Jahr in Peking zu verbringen, als Gastprofessor für Digitale Medien mit Studierenden zu arbeiten und die chinesische Sprache zu lernen. Ich hatte dort 2005 gemeinsam mit meinem Kollegen Liao die Deutsch-Chinesische Sommerakademie für Kurzfilmproduktion ins Leben gerufen, die jedes Jahr Studierende der Babelsberger Filmhochschule mit Studierenden der Pekinger Hochschule zusammenbringt, um einen Monat lang gemeinsam an Filmprojekten zu arbeiten. Diese Arbeit sollte fortgesetzt und intensiviert werden, und ich hatte mich nach mehr als zehn Jahren Tätigkeit als Professor und nach vier Jahren als Vizepräsident der Filmhochschule endlich auf ein Forschungsfreisemester gefreut.

Dann kam unverhofft ein Anruf aus dem benachbarten Hasso-Plattner-Institut, das auf der Suche nach jemandem war, der ein neues, multidisziplinäres, auf Innovation konzentriertes Institut nach dem Vorbild der Stanford d.school aufzubauen bereit war. Und zwar bis zum folgenden Semesterstart, also in wenigen Monaten. Eine Initiative, die vom Gründer Hasso Plattner persönlich unterstützt und gefördert war.

Eine spannende Herausforderung in jeder Hinsicht, so spannend, dass ich mich kurzfristig entschloss, meine Reisepläne zu ändern. Wenig später saß ich im Flugzeug, nicht nach Peking, sondern nach San Francisco, um an der Stanford-Universität, im Herzen des Silicon

Valley, Hasso Plattner zu treffen und einzutauchen in die damals noch ganz neue Welt des Design Thinking.

Die Kontakte zu China froren anfänglich merklich ein, es dauerte einige Wochen, bis ich auf meine ellenlange Entschuldigungsmail eine Antwort erhielt. Sie erholten sich dann aber dank des Interesses meines Kollegen Liao wieder, nachdem ich noch im Sommer 2007 die Sommerakademie in Peking begleitet und ihm von meinem neuen Engagement berichtet hatte. Schon die nächste Delegationsreise 2008 führte ihn und zehn Kollegen der CUC auf ihrer Europareise dann an die HPI School of Design Thinking nach Potsdam, und spätestens da war der Wunsch geboren, auch in China mit einem ähnlichen Institut zu starten. Der tatsächliche Start der Kooperation zog sich noch bis 2011 hin, aber 2012 konnte in einer feierlichen Zeremonie die erste D-School in China tatsächlich eröffnet werden, und Workshops für die ersten Studierenden konnten angeboten werden. Das vernetzte Denken hielt Einzug in die größte Medienhochschule der Welt und begann, die Grenzen zwischen den einzelnen Fachbereichen durchlässiger werden zu lassen. Geplant ist, dass das neue Design Thinking Innovation Center 2016 in einem noch im Bau befindlichen Gebäudekomplex startet und sich von einem hochschulinternen zu einem hochschulübergreifenden Institut wandelt.

So werden wie der Meister?

Von dem Plan zeugt bisher nur ein Messingschild mit dem Namen des Centers, aber die Hochschulleitung meint es offensichtlich ernst mit der Öffnung zwischen den Studiendisziplinen: Erst kürzlich wurden große Abteilungen, die bisher als eigene akademische Einheiten geführt wurden, in größere Einheiten zusammengeführt.

Dabei steht Network Thinking und multidisziplinäres Denken und Arbeiten deutlich im Widerspruch zur aktuellen chinesischen Denk- und Arbeitsweise in den Bildungseinrichtungen. Der chinesische Bildungsweg ist, trotz Einführung westlicher Bildungssysteme, auch nach der Öffnung des Landes in den 1980er Jahren immer noch stark durchsetzt von der traditionellen chinesischen Lernkultur. Überspitzt formuliert ist er festgelegt auf Frontalunterricht und eine starke Vorbildorientierung, deren Leitsatz lautet: Ich will so werden wie der Professor, ich will so werden wie der Meister – vielleicht besser, aber nicht anders.

China ist geprägt durch eine fast ungebrochene Hierarchieakzeptanz und ein starkes Konkurrenzprinzip nicht nur in der Bildungslandschaft. Der kulturelle Wandel, der durch Network Thinking erzeugt wird, macht sich deshalb dort noch stärker bemerkbar als in westlichen Nationen.

Bei meinen Reisen durch China, Vorträgen und Workshops in verschiedenen Hochschulen war mir aufgefallen, wie stark sich die Studierenden noch am direkten persönlichen Vorbild des Lehrenden orientieren, wie wenig ergebnisoffene Projektarbeit zum Lernalltag gehört. Der Lehrende ist der Pol, an dem sich die Studierenden ausrichten.

Keiner spricht, wenn der Chef anwesend ist

Aber es sind nicht nur die Strukturen im Bildungssystem, die den Gedanken des Network Thinking als schwierig erscheinen lassen. Es sind ebenso große kulturelle Barrieren, die nach wie vor strenge Hierarchiegläubigkeit und die stark konkurrierende Grundhaltung, verstärkt noch durch die – mittlerweile glücklicherweise gelockerte – Ein-Kind-Politik, durch die ein enormer Erfolgsdruck auf dem einzigen Kind der Familie lastet. Die Folgen sind nicht selten Schweigen und Angst. Ich habe oft erlebt, dass Mitarbeiter nicht wagen, etwas Kritisches zu äußern, wenn der Chef dabei ist, und selbst wenn er geht, verlässt sie die Befangenheit nicht.

Ein hierarchisches Denken ist vielerorts, insbesondere in großen Organisationen, zu spüren, während in chinesischen Start-ups bereits eine Kultur des Network Thinking probiert wird. Umso erstaunlicher ist das Wirken von Professor Liao.

Obwohl Parteimitglied und seit 2014 als Vizepräsident mitverantwortlich für die Geschicke der gesamten Hochschule, bricht er behutsam, aber sehr konsequent mit Traditionen und Kultur, wohl wissend, dass das neue Denken in China einen wesentlich tieferen Einschnitt und einen weitreichenderen kulturellen Wandel darstellt als bei uns. Ich hatte daher anfangs auch Bedenken, ob unsere Ansätze in China überhaupt funktionieren würden.

Es geht ja in erster Linie darum, eigene Ideen angst- und hierarchiefrei zu entwickeln. Es geht darum, querzudenken und auf Augenhöhe, eben genau nicht so zu denken, wie es dem Chef, dem Meister gefällt, nicht vorausahnen zu wollen, wie dieser denkt, um möglichst deckungsgleich zu sein mit ihm. Wie sollte das in China möglich sein?

Mit Klebstoff, Karton und Legomännchen

Bei einem ersten Training, das ich mit meinem Team 2012 in Peking anbiete, erleben wir dann eine Überraschung. Obwohl wir eine gemischte Gruppe aus Professoren, Dozenten, Doktoranden und Studierenden haben und schon damit rechnen, dass zumindest die Studierenden eher schweigend teilnehmen werden, passiert etwas ganz Unerwartetes. Alle machen begeistert mit.

Aufgabenstellungen, die nah an Alltagserfahrungen liegen, erleichtern den Einstieg in das »neue Denken«. Die Erfahrung, dass eigene Beiträge und Leistungen durch und in Teams in ihrer Wirkung potenziert werden, hilft, sich dem ungewohnten Arbeitsmodus zu öffnen.

Hierarchien spielen nach kurzer Zeit keine Rolle mehr. Lehrer oder Student – egal. Vor allem beim »Prototyping«, das, was wir auch »mit den Händen denken« nennen, kommen alle zusammen. Wenn eine Idee in eine Form gebracht wird, wenn sie mit den Händen gemeinsam verfertigt wird, ganz gleich, ob man dafür Klebezettel, Kartons, Pfeifenreiniger, Klebstoff, Legomännchen oder kleine Hölzchen oder auch ein kurzes Rollenspiel verwendet, wird sie plötzlich erlebbar und viel verständlicher. Ein Prototyp hilft, eine Idee, und sei sie noch so abstrakt, anschaulich zu machen. Sie muss haptisch erfahrbar sein, man muss möglichst schnell verstehen können. Dazu werden die Teams immer angehalten.

Das ist auch im Westen für die meisten nicht leicht, da nur noch wenige trainiert sind, visuell oder mit physischen Werkstoffen zu arbeiten. Doch meist hilft eine lebensnahe, möglichst nah an der Alltagserfahrung angesiedelte Übungsaufgabe, diese Hemmschwelle schnell zu überwinden. So auch bei unseren chinesischen Freunden.

Die Gruppen sollten sich Gedanken machen, wie ihr täglicher Weg von zu Hause zum Arbeitsplatz Hochschule optimiert werden könnte. Die meisten Teilnehmer wohnen keine fünf Minuten vom Campus entfernt, benötigen jedoch fast eine Stunde, um sich im Pekinger Verkehr durchzuschlagen. Die Aufgabe ist nun, nicht nur ein Verkehrsmittel zu betrachten, sondern verschiedene Kombinationen anzudenken: Fahrrad und Bus, Auto und Bahn. Also ein vernetztes, multimodales Verkehrsmodell zu entwickeln und in kleinen hierarchiefreien Gruppen an der Lösung zu arbeiten und diese in Form eines Prototyps erlebbar zu machen. Keiner der Teilnehmer ist Stadtentwickler oder Verkehrsexperte, alle sind jedoch Betroffene, und so entstehen im Laufe des Workshops sehr spannende, für alle überraschende Vorschläge, wie eine neue Verkehrssituation rund um den Campus aussehen könnte. Auch wenn alle Teams mit derselben Fragestellung gestartet sind, so finden sich doch in der Abschlusspräsentation sehr unterschiedliche Lösungsansätze.

Meine Rolle in solchen Projekten ist weniger die des professoralen Wissensvermittlers als die des Moderators und Coaches. Das allein schon ist eine neue Erfahrung für die meisten Teilnehmer, noch spannender aber ist die Art, wie in den Teams miteinander umgegangen wird, wie Lehrende und Studierende gleichberechtigt an der Lösung einer gemeinsamen Aufgabe arbeiten. Und das kommt gut an. Die Teilnehmer erleben hier, dass es eben nicht verkehrt ist, sich anderen Menschen gegenüber zu öffnen, die eigenen Ideen mit ihnen zu teilen. Und sie begreifen, dass nicht jeder sein eigenes Süppchen kochen muss, dass Expertentum nicht alles, sondern es im Gegenteil von Vorteil ist, wenn Disziplinen sich öffnen für eine Kooperation verschiedenster Experten. Vor allem lernen sie, dass es, um voranzukommen, nicht darum geht, dieselbe Idee zu haben und zu verfolgen wie der »Meister«. Und dass das eigene Wissen, das geistige Eigentum, sich in unerwartete Dimensionen entwickelt, wenn man es teilt und der Gruppe zur Verfügung stellt.

Brockhaus? Was ist Brockhaus?

Das Team um Professor Liao hat sich in den vergangenen Jahren sehr intensiv mit dem Brückenbau zwischen den einzelnen wissenschaftlichen Disziplinen beschäftigt. Die Wissenschaftler sind durch die Welt gereist, wollten sehen, wie D-Schools an anderen Orten in anderen Kulturen funktionieren, wie sie Multidisziplinarität umsetzen.

 Das in China traditionelle Denken in Bildern, das seinen Niederschlag in der Schrift gefunden hat, ist dem vernetzten Denken schon sehr ähnlich.

Network Thinking kann gerade in China eine enorme Kraft entwickeln. Vor allem deshalb, weil es so wunderbar der ursprünglichen chinesischen Sprach- und Denkkultur entspricht. Das ist mir erst in Peking klar geworden. Just in dem Moment, als ich mein Brockhaus-Modell zum ersten Mal dort vorgestellt habe. Es war eine befreundete Filmwissenschaftlerin, Professorin Wu Hui, die sich freundlicherweise bereit erklärt hatte, eine der ersten Versionen meines Buchexposés anzuschauen und mit mir über das vernetzte Denkmodell zu sprechen. Frau Wu Hui promovierte und forscht seit Jahren zu dem Schwerpunkt »Shakespeare im Film« und ist eine gefragte Referentin auf medienwissenschaftlichen und literaturwissenschaftlichen Tagungen in der ganzen Welt.

Nachdem sie beim ersten Treffen mein Anliegen offenbar gar nicht verstanden hatte, schaffte ich es bei unserem zweiten Zusammentreffen ihr, auch durch die Visualisierung der Brockhaus-Struktur, den Kern des Themas zu vermitteln. Der größte Lerneffekt war allerdings auf meiner Seite: Ich begriff, dass es in China die uns im Westen so vertraute Art des enzyklopädischen Denkens und Sortierens von A bis Z gar nicht gibt. Und zwar ganz einfach deshalb nicht, weil die chinesische Sprache kein Alphabet kennt. Sie baut nicht, wie die westlichen Sprachen, auf Kombinationen einzelner Buchstaben auf, sondern setzt als Inhaltsträger Schriftzeichen ein, also Bilder oder »Icons«, wie wir heute sagen würden. Es handelt sich dabei um zum Teil hochdiffizile Zeichen, die oft für ein ganzes Wort, auf jeden Fall aber für eine Silbe stehen. Für eine funktionierende Alltagssprache muss man immerhin 3000 bis 5000 solcher Logogramme beherrschen.

Selbst die offizielle Einführung von Pinyin, der Romanisierung des Hochchinesischen Mitte der 1950er Jahre, führte lange Jahre nicht dazu, dass chinesische Wissenssammlungen, die es schon viel früher gab als die westlichen Enzyklopädien, alphabetisch sortiert wurden. Dort gibt es bis zur Jahrtausendwende große Themencluster wie »Kalender«, »Geografie«, »Schule und Ausbildung«, »Wirtschaft und Gesetze« und »Erleuchtung menschlicher Beziehung«, unter denen in über 5000 (fünftausend!) Bänden in vielen Unterkapiteln das gesammelte Wissen zusammengetragen wurde. Erst 2002 erschien eine neue Ausgabe der *Cihai-Enzyklopädie*, des »Meers der Wörter«, nun erstmals in alphabetischer Sortierung nach der Pinyin-Schreibung.

Bis heute lernen chinesische Kinder in ihren ersten Lebensjahren durch die Sprache in erster Linie die Assoziation von visuellen Sprachelementen, trainieren also natürlicherweise das verbindende Denken und nicht, wie westliche Kinder, das trennende Denken durch die Zusammensetzung von disparaten abstrakten Buchstaben, durch die erst Laute, Silben und Wörter geformt werden müssen. Dieses trennende Denken wird ihnen dann allerdings durch das in Fächerkanon und Benotungsmodellen stark am westlichen Schulsystem orientierte Schulsystem doch vermittelt, quasi übergestülpt.

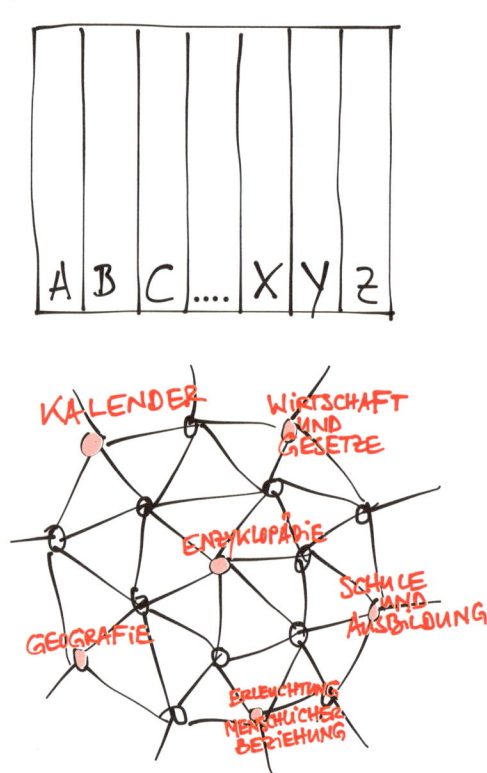

Es ist daher leicht erklärlich, dass eine Forscherin wie Prof. Wu Hui anhand meiner Zeichnung ihr eigenes Unbehagen zu erklären beginnt, etwa auf wissenschaftlichen Konferenzen, in denen sie sich und ihre Forschungsarbeit klar abgegrenzten Forschungsfeldern zuordnen müsse. »Das ist das westliche kategorisierende Denken, das für alles eine Rubrik finden muss und alles einsortiert – ich lebe viel lieber in der Welt der Assoziationen«, erklärt sie.

Dieses Denken in Bildern und assoziativen Verknüpfungen in China bietet daher die idealen Voraussetzungen für ein neues vernetztes Denken – wenn da nicht die westlichen Bildungsparameter wären, an denen sich das chinesische Bildungssystem in Schule und Hochschule in den letzten Jahrzehnten grundlegend orientiert hat. Eine Rückbesinnung auf den kulturbildenden Kern der eigenen Sprache und eine daran ausgerichtete Umorientierung des Bildungssystems würde blitzschnell die kreativen Kapazitäten freisetzen, die auch die chinesische Gesellschaft dringend braucht.

Nicht rund, nicht rechteckig – aber wie muss ein Tisch aussehen?

Doch nicht nur diese Einsicht brachte mir der Trainingsworkshop in Peking. Es war auch eine andere, eine handfeste Erkenntnis, die sich bei mir im Laufe der Woche einstellte. Sie hatte etwas mit dem Mobiliar zu tun, das wir vor acht Jahren zur Unterstützung der kreativen Teamarbeit im HPI selbst entwickelt hatten. Wir hatten Whiteboards entworfen, die etwas größer und vor allem stabiler als die bis dahin erhältlichen waren. Sie sollten nicht nur für Informations- und Präsentationszwecke in den Arbeitsgruppen dienen, sondern gleichzeitig auch als Trennwände zwischen den Teamarbeitsbereichen. Und wir hatten in Kooperation mit dem Berliner Möbelhersteller System 180 Stehtische konzipiert, an denen vier- bis sechsköpfige Teams gut gemeinsam arbeiten können. Und über ebendiese Tische musste ich in Peking zum ersten Mal kritisch nachdenken.

 **Unsere Art des Denkens spiegelt sich auch in der Art, wie wir unsere Arbeitsumgebungen gestalten. Ergo: Ein neues Denken erfordert auch neue Umgebungen, die eine neue Symbolik transportieren.**

Wir hatten rechteckige Tische konzipiert – unsere Kollegen an der Stanford-Uni hatten provisorisch zusammengebaute Modelle dieser Art bereits ausprobiert – und ließen sie mit zwei doppelstöckig angeordneten beschichteten Tischplatten auf einem Stahlrohrgestell in Serie herstellen. Die Kollegen in China hatte ich allerdings gebeten, unsere Möbelideen nicht einfach zu kopieren, sondern aus ihrem eigenen kulturellen Kontext heraus selbst Ideen für Materialien und Formen zu entwickeln. Und genau das war auch geschehen.

Die Whiteboards sahen ähnlich aus wie unsere, aber ihre Tische hatten zwar auch zwei Tischplatten übereinander, im Unterschied zu unseren waren diese jedoch kreisförmig. Nicht verwunderlich, wenn man weiß, dass in der chinesischen Esskultur große runde Tische mit runden drehbaren Glasscheiben für die Speisen darauf üblich sind. Wir fanden also selbst konstruierte doppelstöckige Rundtische in Stehhöhe vor und starteten mit unserem Workshop. Und sofort wurde deutlich, dass diese runden Tische einen entscheidenden Vorteil gegenüber unseren rechteckigen haben: Sie lassen keine Hierarchie zu. Ein Rechteck hat zwei kurze und zwei lange Seiten, und, denken Sie an Ihren Besprechungstisch im Büro, normalerweise wird immer eine der kurzen Seiten automatisch vom Chef als Platz gewählt – ein Habitus, der ganz selbstverständlich von allen so akzeptiert wird. Ein runder Tisch hingegen kann gar keine hierarchischen Positionen vorgeben, die Plätze sind sozusagen egalitär, die Platzwahl bleibt ohne jede weitere Symbolik.

Schnell war also klar, dass die runde Form für Teamarbeit geeigneter ist. Zurück in Deutschland, habe ich sofort damit begonnen, einen neuen Tisch zu entwerfen, der ein Zwischending sein sollte zwischen Rechteck und Kreis – denn Kreisformen lassen sich nicht sehr gut zusammenstellen – es entstehen Löcher. Bei einer Diskussionsrunde mit unserem Möbelhersteller in einem geodätischen Wohn-Dom, einer Halbkugel aus dem gleichen Metallgestänge wie unter unseren Rechtecktischen, fiel mein Blick an die Decke, und dort sah ich sie, die passende Form: ein Sechseck. Sechsecke, Bienenwaben, lassen sich nahtlos zu schönen Formen aneinanderreihen, und die Tische bieten mit den je sechs kurzen Seiten absolut gleichrangige Plätze – perfekt, um eine hierarchiefreie Runde zu starten. Solche Sechsecke in der für uns richtigen Größe werden nun unsere Rechtecktische ablösen – und wer weiß, vielleicht wird auch das Design Thinking Innovation Center in Peking demnächst damit ausgestattet sein.

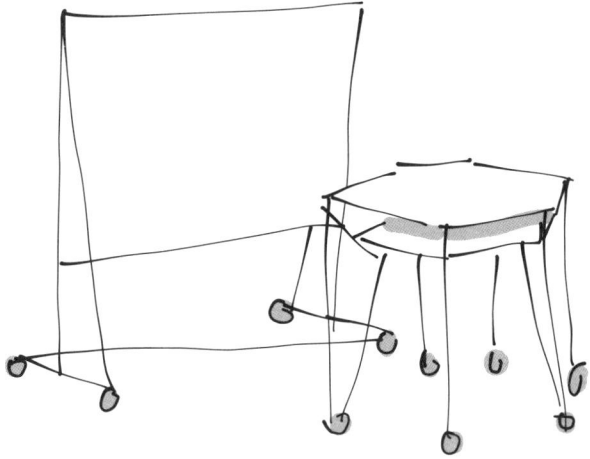

Unsere Auffassung davon, was wir als geistiges Eigentum begreifen und wie wir damit umgehen, ändert sich, muss sich ändern. Die sogenannten »intellectual properties« oder – wenn man es juristisch exakt ausdrücken will – die Immaterialgüterrechte werden für den Einzelnen immer weniger von Belang sein. Erst im Austausch mit dem Wissen von anderen gewinnt das eigene Wissen an Wert. Der herkömmliche Begriff des Eigentums wird uns im Zusammenhang mit Wissensprozessen nicht mehr weiterhelfen, im Gegenteil. Auch hier geht es um Öffnung und Vernetzung, um das gemeinsame Erarbeiten von Lösungen für komplexe Fragestellungen. Und hierzu bedarf es entsprechender physischer Umgebungen, die eine neue Arbeitshaltung unterstützen und eben nicht durch falsche Symbolik tradierte Haltungen zementieren.

04 / Von einer Hand zur nächsten

WARUM TEAMARBEIT DAS KREATIVE SELBSTVER-
TRAUEN FÖRDERT

Die School of Design Thinking am Hasso-Plattner-Institut in Potsdam selbst ist seit der Gründung 2007 zu einer internationalen Aus-
bildungsstätte geworden. 120 Studierende aus über 70 Disziplinen von
über 60 Hochschulen aus mehr als 20 Nationen treffen sich hier an
zwei Tagen in der Woche, um in kleinen Teams an komplexen Fragestellungen zu arbeiten. Ein Studienangebot also, das sich so gar nicht
mit einem herkömmlichen Bachelor-Studiengang vergleichen lässt.
Dort müssen die Studierenden sich zwangsläufig daran gewöhnen,
dass es nicht ganz leicht ist, mit Professoren persönlich ins Gespräch
zu kommen. Sie sehen aber, dass es ihren Kommilitonen auch nicht
besser geht, und haben sich damit abgefunden, dass die Seminare und
auch manche Vorlesung von Assistenten gehalten wird, so ist das halt.
Viele folgen deswegen der Devise: Fleißig möglichst viele Credit
Points sammeln und möglichst schnell und reibungslos das Studium
absolvieren.

Sie besuchen fast jeden Tag die Hochschule, laufen durch Gänge,
die manchmal an ein Krankenhaus erinnern, fragen sich ab und zu,

wieso an so vielen Stellen der Putz von den Wänden blättert, sitzen in vollen Hörsälen, in denen aufgeklappte Notebooks das Bild bestimmen und unter den Klapptischen E-Mails gecheckt werden. Sie bemühen sich, in den Seminaren nicht nur anwesend zu sein, sondern durch aktive Teilnahme positiv aufzufallen. Sie verbringen viel Zeit in der Bibliothek, lesen Zeitschriften, Journale, Bücher und sind mit ihrem Smartphone auch schnell mal im Netz unterwegs, um einen Begriff zu recherchieren oder einen Fachbegriff zu übersetzen. Natürlich auch, um sich per SMS oder WhatsApp mit Kommilitonen zu verabreden oder einen Einkauf zu tätigen.

Versuchen wir nun einmal, auf einem Blatt Papier oben die Brockhaus-Struktur einer Universität zu zeichnen, das heißt, verschiedenste Fachgebiete nebeneinander einzutragen. Geben wir der Hochschule einen Namen und schreiben ihn über diese Reihung. Das Ganze könnte ungefähr so aussehen:

Nun setzen wir für jeden in der Zeichnung angelegten Fachbereich einen Punkt in einem losen Raster auf die untere Hälfte des Blattes und verbinden diese jeweils mit einem Fach bezeichneten Punkte mit Linien, von den äußeren Punkten des Netzgeflechts sollten Linien auch noch nach außen laufen.

Es geht um konkrete Ergebnisse: Multidisziplinäre Zusammenarbeit und (lebens)praktische Aufgabenstellungen bilden die Grundlage für eine ganz andere Art von Hochschulstudium.

Versuchen Sie sich nun einmal vorzustellen, dass Sie mit Studenten dieser verschiedenen Spezialgebiete gemeinsam an Problemlösungen arbeiten, dass Sie den größten Teil Ihrer Zeit an der Hochschule in einer Art Labor verbringen, in dem Sie kollaborativ mit vier, fünf Kollegen in kleinen, gemischt zusammengesetzten Teams an konkreten Fragestellungen aus Wirtschaft, Wissenschaft und Gesellschaft arbei-

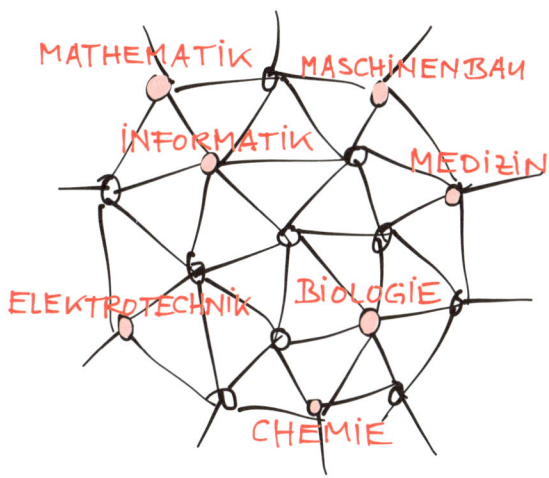

ten. Den Vorlesungsstoff holen Sie sich per Online-Video, wenn Sie ihn brauchen, Feedback zu Ihren Aktivitäten bekommen Sie nicht nur von Ihren Professoren, sondern auch von Ihren Kommilitonen, denen Sie in regelmäßigen Abständen gemeinsam mit Ihren Teamkollegen den Stand Ihrer Arbeit in kurzen Präsentationen vorstellen. Bewertet wird Ihre Arbeit nicht im traditionellen Sinne, dafür bekommen Sie offenes und qualifiziertes Feedback aus dem Publikum, und das gibt Ihnen weitere Motivation und Anregung, der Problemlösung näher zu kommen.

Die Bibliothek mit Liegebereich

Teamarbeit steht im Mittelpunkt dieses Studiums, nicht mehr die Einzelleistung. Begleitet werden Sie bei dieser Arbeit von Coaching-Teams bestehend aus Professoren und Assistenten, die Sie alle gut kennen, und aus Vertretern aus Industrie, Politik und Gesellschaft. Während des Studiums wechseln die Aufgabenstellungen mehrere Male, und mit jeder neuen Aufgabe wechselt auch die Teamzusammensetzung. Die Bibliothek ist ein Ort des Rückzugs und der Ruhe, aber nicht mehr zwischen Reihen von Bücherregalen, sondern mit entspannenden Sitz- und Liegebereichen, drahtlosem Internetzugang und Versorgung mit warmen und kalten Getränken.

Das klingt für Sie wie Zukunftsmusik?

Ist es aber nicht.

Am Hasso-Plattner-Institut in Potsdam und schon länger an der Stanford-Universität in Kalifornien ist diese Art zu lernen erfolgreich gelebte Praxis. In dieser ohnehin für ihre Offenheit bekannten amerikanischen Elitehochschule haben sich Professoren aus unterschiedlichen Fachbereichen schon 2005 zusammengetan und einen neuen, radikal crossdisziplinären Studiengang aufgebaut, in dem Studierende aus den Bereichen Medizin, Design, Informatik, Maschinenbau, Jura, Architektur, Business etc. in kleinen Gruppen an komplexen Fragestellungen aus dem realen Leben arbeiten. Die Fragestellungen kommen zum Beispiel vom Kreditkartenunternehmen Visa, von Procter & Gamble, aber auch von der Stadtverwaltung, Krankenhäusern oder NGOs aus Entwicklungsländern.

»Wie kann man dafür sorgen, dass frühgeborene Babys in Entwicklungsländern eine Überlebenschance haben, auch wenn keine teuren Brutkästen zur Verfügung stehen?« So lautete eine der Fragestellun-

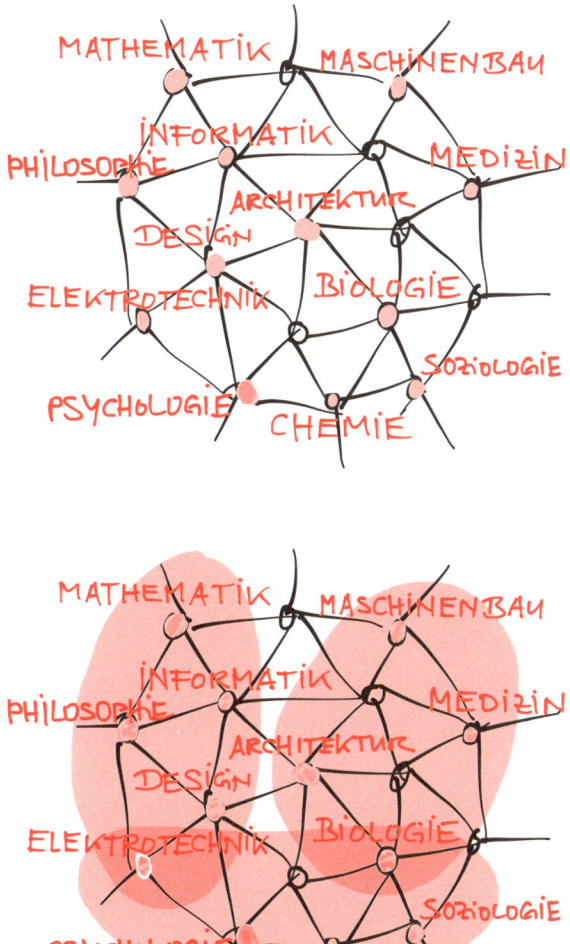

gen, mit denen sich Studenten der d.school ein Semester lang beschäftigten. Mehrere Studententeams zogen los, um in Krankenhäusern, bei Familien und Ärzten vor Ort Eindrücke zu sammeln und auf dieser Grundlage Ideen für mögliche Lösungen zu entwickeln.

Ich hatte 2007 die Gelegenheit, den Präsentationen der Prototypen für mögliche Lösungen in Stanford beizuwohnen. Sehr beeindruckt hat mich damals eine Art Mumien-Schlafsack, bestehend aus keimabweisendem Material und ausgestattet mit einem ausgeklügelten Wärmespeicher, der auf den ersten Blick nichts mehr mit einem traditionellen Inkubator gemein hat, allerdings genau auf die Bedürfnisse der Frühchen zugeschnitten ist. Nach Bangladesch waren die Studenten damals gereist und hatten herausgefunden, dass es gar nicht die fehlenden Inkubatoren in den Krankenhäusern waren, die die Überlebenschancen von Frühgeborenen so stark reduzierten. Es war vielmehr der oft mehrere hundert Kilometer lange Weg zum Hospital, der nicht, wie in westlichen Ländern, in einem Notarztwagen zurückgelegt werden kann. Viele Eltern machen sich zu Fuß oder mit dem Auto auf diesen langen Weg, das zu früh geborene Kind notdürftig eingepackt. Durch diese Erfahrung angeregt, entwickelte das Studententeam den Prototypen eines Inkubators für unterwegs. Aus diesem Prototypen wurde kurze Zeit später ein Produkt, die Studenten gründeten das Unternehmen »Embrace« und haben mittlerweile schon Tausenden von Frühgeborenen das Leben gerettet.

➡️ **Ein ungewöhnlicher »Thinktank« aus dem Silicon Valley steht modellhaft für die Lern- und Arbeitswelt von morgen.**

Kreatives Selbstvertrauen durch Teamarbeit

David Kelley, Professor für Industrial Design in Stanford und Initiator der d.school, spricht von »kreativem Selbstvertrauen«, das die Studenten durch die Teamarbeit gewinnen. Juristen, Mediziner und Betriebswirte halten sich normalerweise nicht für kreativ, in der d.school erleben sie die unglaublichen schöpferischen Energiepotenziale, die offene Teamarbeit freisetzen kann. Der SAP-Mitgründer Hasso Plattner, der mit einer Millionenspritze der d.school in Stanford 2005 zum Durchbruch verhalf, war selbst von dem Erfolg der d.school überrascht und sieht darin ein Modell für die Arbeitswelt der Zukunft. »Die wirklich bahnbrechenden Innovationen entstehen an den Schnittstellen der Disziplinen, dort, wo die führenden Köpfe ihr Wissen und ihre Kompetenz zusammenbringen. Die globalen Herausforderungen, vor denen wir stehen, sind aus der Perspektive einzelner Fachrichtungen nicht zu lösen – wir müssen daher junge Menschen schon früh zu Teamplayern machen.«

Aus dem kleinen, aber radikalen Bildungs-Start-up d.school mit anfänglich 20 Studenten in einem Barackenbau am Rande des Stanford-Campus ist in der Zwischenzeit eine Einrichtung mit Platz für rund 600 Studierende mitten im Campus geworden – einer der spannendsten Thinktanks im Silicon Valley. Das Modell macht mittlerweile weltweit Schule. Seit dem Start der zweiten d.school, der »School of Design Thinking« am Potsdamer Hasso-Plattner-Institut, breitet sich diese Form des Netzwerkdenkens mit Schneeballeffekt aus. In Paris, Istanbul, Helsinki, Stockholm, Moskau, Tokio, Peking, Toronto, Sydney, Bangalore, Kuala Lumpur, São Paulo und anderen Hochschulstandorten sind crossdisziplinäre Studienangebote im Aufbau, die vernetztes Denken und Arbeiten erlernbar und erlebbar machen.

An allen diesen Standorten besinnt man sich auf die drei wesentlichen Determinanten des Lernens und versucht, ganz neue Wege zu gehen:

- weg von der Einzelorientierung mit Einzelbewertung, dem IQ-Modus, hin zur Teamorientierung ohne Bewertung, dem WeQ-Modus;
- weg von linearen Problemlösungswegen/Methoden hin zu nichtlinearen, iterativen Prozessen, geprägt durch intensive Recherche und extensives Prototyping;
- weg von starren, den kompetitiven Einzelmodus unterstützenden räumlichen Umgebungen hin zu flexiblen, die Zusammenarbeit unterstützenden Räumen, die Teams atmen lassen.

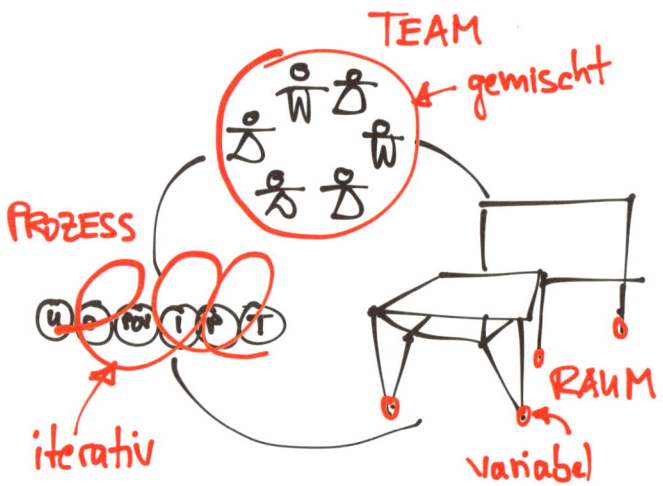

Es ist dieses dynamische Dreieck von multidisziplinärem Team, iterativem Prozess und variablem Raum, das ich 2007 als Design Thinking am HPI in Potsdam eingeführt habe und das nun vielen hilft, auf den Weg vom Brockhaus-Denken zur vernetzten Denkwelt zu gelangen.

Und es ist die stetige Orientierung an den Wünschen und Bedürfnissen von Menschen und nicht an der reinen technologischen Machbarkeit, die immer wieder zu sinnstiftenden und manchmal überraschend einfachen Ergebnissen führt.

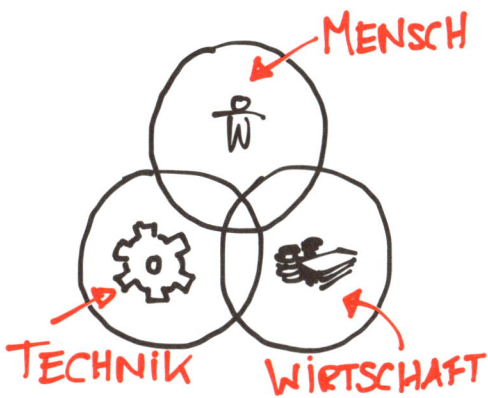

Das Lernen selbst findet nicht mehr im akademischen Elfenbeinturm statt, es ist ein Lernprozess, der durch konkrete Fragestellungen aus Wirtschaft und Gesellschaft ausgelöst wird und den sich die Studententeams im Rahmen eines engen Zeittaktes überwiegend selbst organisieren können.

Das Team steht im Fokus, nicht mehr der Einzelne – Arbeitsprozesse bewegen sich in Schleifen, nicht mehr linear, und der Arbeitsplatz wird zu einem flexiblen Ort der kreativen Zusammenarbeit, nicht mehr ein Ort des Einzelkämpfertums.

Es gibt keine Noten mehr, keine Credit Points. Die Teams sind klein (vier bis sechs Personen) und multidisziplinär aufgestellt, der Wert liegt in der Vielfalt ihrer Mitglieder und in der wechselseitigen Ergänzung jeden Blickwinkels, nicht in einem Wettstreit über deren Einzelwertigkeit. Und es gibt auch keine Bewertung beziehungsweise Incentivierung von Teams. Die Teams stehen untereinander in ständigem Austausch, und es entsteht eine Art sportliches Miteinander, eine Konstellation jenseits von Kampf und Feindschaft, ein Arbeiten auf Augenhöhe und im Modus der Kooperation. Das erstaunliche Ergebnis: Die Energie, mit der die Teams an der Lösung komplexer Probleme arbeiten, ist deutlich höher als in klassischen Bewertungssystemen, und die Qualität der Ergebnisse steigt deutlich.

In jedem Semester finden sich bis zu 16 neue Projektpartner im Portfolio, auf das sich die Studierenden bewerben können – große, global agierende Unternehmen geben hier ihre Fragestellungen ab, aber auch Mittelständler, Ministerien, Verwaltungen, NGOs oder Start-ups. Diese sogenannten »Design Challenges« ersetzen das klassische Curriculum und stellen Lehrende wie Studierende immer wieder vor neue Herausforderungen. Intensive Recherche vor Ort prägt einen Teil der studentischen Arbeit, und das heißt auch, dass die Studierenden manchmal im Ausland unterwegs sind, wie unser Team in Südafrika.

Wie mit dem Handy die medizinische Infrastruktur in Südafrika verbessert werden kann

Von der Vorstellung, dass man, um etwas zu verbessern, immer die ganz große technologische Lösung braucht, habe ich mich inzwischen komplett verabschiedet. Häufig genug stellt sich nämlich heraus, dass nur an einer »Stellschraube« im Verhalten von Menschen gedreht werden muss, um Situationen zum Guten zu verändern. Entscheidend ist also meist nur die Einstellung – und die Einsicht, dass die bessere Vernetzung im Denken eine bessere Vernetzung im Handeln zur Folge hat und dadurch eine Arbeitssituation sich grundlegend verbessern kann. Eines der Projekte, die wir in den letzten Jahren in Afrika durchgeführt haben, liefert hierfür ein gutes Beispiel. Gemeinsam mit Lehrenden und Studierenden der Universität Stellenbosch in Südafrika hat die School of Design Thinking an so einer kleinen Schraube des Verhaltens gedreht und tatsächlich einen großen Schritt geschafft.

Die südafrikanische Regierung unter Nelson Mandela hatte vor etlichen Jahren die kostenlose medizinische Grundversorgung eingeführt. Das Land weist eine hohe Kindersterblichkeit auf, auch Krankheiten wie Tuberkulose und Aids sind sehr häufig, dafür sind Ärzte und Praxen in der Unterzahl. Südafrika ist nach wie vor medizinisches Entwicklungsland – die kostenlose Versorgung unter Mandela war ein erster Schritt in eine gute Richtung. Das Problem dabei ist, dass die Menschen in den ländlichen Regionen unter der schlechten Anbindung an die Infrastruktur sehr zu leiden haben. Der Weg zum nächsten Arzt, der Weg zum nächsten Medizinzentrum ist schlichtweg zu weit, selbst wenn die Versorgung nun kostenfrei ist.

Die Regierung hatte das Problem erkannt und initiierte das Projekt »study nurses«. Ausgebildete Krankenschwestern fahren, statt in Krankenhäusern zu arbeiten, mit Kleinbussen über Land, ausgestattet mit allen Utensilien einer Krankenstation. Vor Ort versorgen sie Kranke und ältere Menschen mit dem Nötigen. Meist sind je zwei Schwestern in den euphemistisch als »Mobile Clinics« bezeichneten Minibussen unterwegs.

Patienten vom Feld holen

Die Schwestern fahren von Ortschaft zu Ortschaft, von Farm zu Farm. Die Farmen in Südafrika, das muss man wissen, sind riesig, sie erstrecken sich über viele Hektar Land, und die Zeit der Schwestern ist immer knapp. Sie wissen nie, was sie erwartet, wie viele Patienten sie zu versorgen haben, meistens können sie auch nicht genau sagen, wann sie wo eintreffen. Das liegt auch an den maroden Straßen, mal sind sie gut passierbar, mal ist überhaupt kein Durchkommen, und es muss ein riesiger Umweg gefahren werden. Fast noch drängender aber ist das Problem, dass nach ihrem Eintreffen die Patienten immer erst von den Feldern geholt werden müssen, und die können auch schon mal im hintersten Winkel einer Farm liegen. Das kostet mitunter extrem viel Zeit, Zeit, die den Schwestern anschließend fehlt für die eigentliche medizinische Versorgung und in der Folge für die Patienten der nächsten Station.

Sechs Studierende der School of Design Thinking machten sich auf den Weg nach Südafrika, um hier Unterstützung zu leisten und Lösungsvorschläge zu entwickeln. In Persona waren es Dea: Kommunikationsdesign, Nele: Kommunikationswissenschaft, Christian: Europawissenschaften, Mauro: Service-Design, Nushin: Modedesign und Birga: Europäische Kulturwissenschaften, allesamt zum ersten Mal in Afrika und von medizinischen Fragestellungen bisher unberührt. Ein erstes Zusammentreffen der Postdamer D-School-Studenten mit den Kommilitonen der Universität Stellenbosch gab es bei dem »südafrikanisch-deutschen Workshop für IT-Lösungen für die medizinische Versorgung des ländlichen Bereichs« in Stellenbosch. Eine gute Gelegenheit, erste Eindrücke von Südafrika zu sammeln und sich in das Thema einzuarbeiten. Bei dieser Gelegenheit haben unsere Studierenden mit vielen Experten gesprochen und die mögliche Zusammenarbeit mit Stellenbosch geklärt.

Sieben Milliarden Handyverträge weltweit

Von Anfang an ging es darum, eine günstige Lösung zu finden, gefragt war genau nicht der »große technologische Wurf«. Vor allem sollte das Ergebnis leicht umsetzbar sein. Die Studenten hatten über zwölf Wochen an je zwei Tagen Zeit für dieses Projekt. Sie führten einen Teil ihrer Recherchearbeit in Südafrika direkt durch, begleiteten die Schwestern auf ihren Fahrten von Farm zu Farm und erlebten mit, wie viel Zeit durch die Suche nach den Patienten auf den Feldern wirklich verloren ging. Immer das gleiche Problem: Erst bei Ankunft der Mobile Clinic auf der Farm wurden die Menschen informiert, es verstrich wertvolle Zeit, bis alle, die medizinische Versorgung benötigten, zur Behandlung kommen konnten.

Schon bald kam das Team auf eine sehr naheliegende Lösung. Mobiltelefone und Smartphones sind auch in Südafrika weit verbreitet, fast alle Farmmitarbeiter besitzen ein Gerät. Mobiltelefone sind mittlerweile häufiger anzutreffen als Zahnbürsten. Ende 2014 gab es nach Schätzungen der Internationalen Fernmeldeunion (ITU) weltweit sieben Milliarden Mobilfunkverträge, das entspricht nahezu der Weltbevölkerung. Das Handy ist *der* Alltagsgegenstand der Gegenwart – und somit auch hilfreich für die medizinische Versorgung in Südafrika.

Die Studenten entwickelten ein SMS-basiertes System zur Erfassung und zum »Einsammeln« der Patienten und reisten mit einem Prototypen ein zweites Mal nach Südafrika. Dort entstand in einem Co-Creations-Workshop zusammen mit Krankenschwestern die Service-SMS-Plattform SUMMO. SUMMO nutzt SMS und nicht das Internet, um auch einfache Mobiltelefone einbinden zu können. Die Schwestern können über den Service die Patienten informieren, wann sie wo eintreffen werden, so dass diese sich rechtzeitig an einem verabredeten Ort einfinden können. Bei SUMMO sind alle Handynummern der Patienten gespeichert und den jeweiligen Farmen zugeordnet. Die Daten laufen über einen sicheren Server, den »SUMMO cave«, eine zentrale Auflaufstelle, von der die Handynummern verwaltet werden.

Vernetztes Denken bedeutet auch vernetztes Handeln. Beides folgt dem Grundprinzip, dass die Bearbeitung von Aufgabenstellungen gleich welcher Art multiperspektivisch geschieht. Also keine Expertenlösungen, sondern auf Brauchbarkeit und Machbarkeit und Finanzierbarkeit geprüfte Ergebnisse sind das Ziel. Das setzt ein hohes Maß an Teamkompetenz voraus, das sich nicht von alleine einstellt, sondern nur durch stetige Praxis erreicht wird. Teamarbeit in Schule und Ausbildung sollte also endlich mehr sein als ein modisches Accessoire. Damit verbinden sich anspruchsvolle Kompetenzen, die erlernbar sind, aber auch wirklich erlernt werden sollten.

05 / Alles nur eine Frage der Sicherheit

WARUM AUCH SENSIBLE BEREICHE KREATIVE IMPULSE BRAUCHEN

Es geht um einen Hochsicherheitsbereich – die Personenkontrolle am Flughafen. Die Zahl der Reisenden steigt: Weltweit 3,2 Milliarden Menschen haben die Fluggesellschaften 2014 transportiert. Die Internationale Zivilluftfahrtorganisation (ICAO) geht davon aus, dass sich die jährlichen Passagierzahlen bis 2030 sogar verdoppeln, auf 6,4 Milliarden Fluggäste. Im Jahr 2014 starteten oder landeten nach Angaben des Statistischen Bundesamts insgesamt 186,4 Millionen Fluggäste auf deutschen Flughäfen. Das waren 3,1 Prozent mehr als noch 2013, Tendenz weiter steigend. Und mehr Passagiere bedeuten höhere Anforderungen an die Sicherheit.

Die Frage ist daher: Wie können wir rasch und effizient klären, wer ins Flugzeug steigt, und wie vermeiden wir Gefahren?

Es gibt eine Runde, die sich genau mit solchen Fragen beschäftigt, eine hochkompetente, regelmäßig tagende Sicherheitskonferenz mit Vertretern der Bundespolizei, der Flughafenbetreiber und Fluglinien, Experten von Verbänden und Vertretern des Bundesinnenministeriums und der Innenministerien der Länder. Das ist keine Runde,

77

die sich zum Spaß trifft, hier geht es um die Sicherheit an deutschen Flughäfen. Eine sehr ernste Angelegenheit. Die selbstverständlich männlich dominierte Runde trifft sich auch nicht in Kreativräumen, sondern in nüchternen, abgeschirmten Konferenzräumen mit Beamer, Flipchart, aufgereihten Apfelsaftfläschchen und silbernen, tropfsicheren Kaffeekannen. Nicht unbedingt zu erwarten also, dass hier in dieser Umgebung jemand zum Bau eines Legomodells zu motivieren ist.

Erfahrung? Wir sind schon mal mit dem Flugzeug geflogen

Genau darin lag die Herausforderung. Die Zukunftsagentur Brandenburg, die sich mit Verkehrssicherheitsfragen im Land beschäftigt, hatte eine ihrer Fragestellungen 2010 an die Studenten der HPI D-School übergeben: Wie lassen sich die Sicherheitskontrollen am Flughafen für die Passagiere angenehmer gestalten und gleichzeitig die Sicherheitsstandards erhöhen? Eine auf den ersten Blick unlösbare Aufgabe. Das studentische Team, das sich dieser Aufgabe widmen wollte, war bunt gemischt, wie immer: Babette: Zahnmedizin, Kira und Anja: Betriebswirtschaft, Robert: Psychologie, Peter: Computerwissenschaft, und Andreas: International Business Administration. Allesamt keine Experten in Sachen Flughafensicherheit, aber gewillt, sich dieses Themas anzunehmen. Alle durch eine Reihe von Design-Thinking-Projekten gestärkt im Bewusstsein, auch mit kniffligen Fragestellungen klarzukommen.

 Der durch keine echte Sachkenntnis getrübte Blick der Nichtexperten eröffnet oft ungeahnte Perspektiven auf Lösungen.

Dennoch könnte man mit einiger Berechtigung auch sagen: Auf den ersten Blick ist zu erkennen, dass das nicht die richtigen Kandidaten sind, nicht die richtigen Kandidaten sein können. Network Thinking? Design Thinking? Das klingt nach vielem, sicher aber nicht nach einem passenden Angebot für Konferenzen zu Fragen der Sicherheit im öffentlichen Raum. Hier sitzen Experten am Tisch, die sich tagtäglich intensiv mit hochdiffizilen Fragen der Sicherheitsgarantie beschäftigen, ihre Ausbildungen dazu absolviert und in jahrelanger Praxis ihre Expertise ausgebildet haben. Die Expertise des Studententeams im Vergleich: Alle waren schon einmal mit einem Flugzeug unterwegs gewesen und kannten diverse Airports dieser Welt. Keiner jedoch hatte schon einmal an Sicherheitslösungen gearbeitet, keiner kannte die speziellen Gegebenheiten eines Flughafens, keiner war in irgendeiner Weise polizeilich geschult.

Also mussten sie sich erst einmal kundig machen. Und das taten sie, ganz nach den Design-Thinking-Regeln, vor Ort am Flughafen. Es wurden Flüge gebucht, es wurde eingecheckt und alles und alle dabei genauestens beobachtet: Wie verhält man sich selbst, was ist kompliziert, was ist langwierig, was wird von einem erwartet, welche Fehler passieren, wo stockt der Prozess, wo gibt es Sicherheitslücken? Ebenfalls spannend ist, andere beim Einchecken zu beobachten und zu begleiten, Familien mit Kindern, die zum ersten Mal eine solche Abfertigung erleben, Business-Flieger, denen alles zu langsam geht, und Senioren, die alle Zeit der Welt haben. All das haben die Studierenden an mehreren Flughäfen durchgeführt, ihre Erlebnisse aufgezeichnet, Fotos und Interviews en masse gemacht.

Die vielen Erlebnisse am Flughafen brachten dem Studententeam eine Erkenntnis: Es gibt einen vertikalen Prozess, das ist der Sicherheitscheck des Passagiers, der durch eine Art Tor geht, das auf mitgeführte Metallgegenstände mit einen Signalton reagiert – diese Kontrolle geht meistens sehr schnell. Dann gibt es einen horizontalen Prozess, bei dem das Handgepäck, die Überkleidung und mitgeführte elektronische Geräte in Boxen auf ein Laufband gelegt und abgescannt werden – dieser Kontrollvorgang geht meistens nicht schnell und verursacht jede Menge Nervosität, insbesondere bei Familien mit Kindern und älteren Menschen. Dieser horizontale Teil kostet nicht nur erheblich Platz in den Abfertigungshallen, er ist für den Großteil der Passagiere auch eher unangenehm: Man muss seine Kleidung, seine Wertgegenstände, Laptop, Handy, Uhren, Portemonnaie, oft auch den Gürtel und Schuhe vor den Augen des Sicherheitspersonals und aller anderen in Boxen packen und auf das Band legen. Das kostet viel Zeit und Nerven, das ist der Knackpunkt – aus Sicht der Passagiere.

Sie sitzen auf der Idee

Also fragte sich das Studententeam: Was muss man tun, um aus dem langsamen horizontalen Prozess einen schnellen vertikalen zu machen? Das Team musste dafür nicht weit gehen, nicht einmal aufstehen. Denn alle saßen bereits auf der Lösung – auf Stehhockern, die an der D-School an den Stehtischen benutzt werden. Wie wäre es, jedem Passagier ein Gefährt zu geben, in das er seine Wertsachen, seine Kleidung, seinen Laptop packen kann? Die Idee des Sicherheitstrolleys, des F.A.S.T. – Flight Assistant Security Trolley – war geboren. Eine Art Mini-Einkaufswagen, der vor dem Abflug zugeteilt und personalisiert wird und digital an das Sicherungssystem gekoppelt ist.

Schnell war der erste Prototyp fertig. Die Studenten bauten kurzerhand aus dem Stehhocker eine erste Version des F.A.S.T., befestigten dazu Rollen unter den Hockerbeinen und installierten ein Fach für Notebooks und Laptops. Hinzu kam noch ein aufklappbares Sitz-polster. So ließ sich schon einmal ausprobieren, ob das eine gute Idee ist und wie das endgültige Gefährt beschaffen sein sollte. Bald wur-de klar, dass das Gefährt ein paar Fächer brauchte für Geldbörse, Schmuck, Schlüssel und Mobiltelefon. Die nächste Version des Trol-ley wurde in Originalgröße aus Holz zusammengezimmert. Nun mit richtigen Rollen, einem Einstellfach für den Bordkoffer, Klappfächern für Elektronikutensilien und Wertsachen und einem Haken für Jacke oder Mantel. Die obere Klappe war auf Sitzhöhe angebracht, so dass der Trolley auch als Sitzmöglichkeit genutzt werden konnte.

Die Idee war, dass gleich nach dem Einchecken und der Abgabe des großen Koffers am Terminal der Passagier diesen personalisier-ten Trolley bekommt, seine Utensilien in die dafür vorgesehenen Fä-cher steckt und sich einen angenehmen Warteplatz sucht. Der Trolley erklärt sich quasi selbst. Die einzelnen Fächer zeigen mit Symbolen, was wohin gehört. Es braucht kein Handbuch, keine Einführung. Dann nimmt man vielleicht noch einen Kaffee, den man in Ruhe auf seinem eigenen Hocker genießen kann, und macht sich auf den Weg zum Sicherheitscheck. Alles ganz entspannt. Den Holz-Prototypen haben die Studenten am Flughafen ausprobiert, das Konzept Flugpas-sagieren vorgestellt und nur Zustimmung erfahren.

Für den Scan-Prozess selbst wurden zwei Varianten entwickelt. Variante 1: Statt des Laufbandes gibt es ein zusätzliches Scan-Tor, durch das der Trolley gerade hindurchpasst. Man schiebt also seinen Trolley durch dieses Tor und geht selbst durch den Personen-Scanner. Noch eleganter ist Variante 2: Es gibt nur noch ein neu entwickeltes Scanner-Tor, das erst den Trolley scannt, dann automatisch umschaltet auf die Personenkontrolle. Ertönt dabei das Signal, wird der Passagier vom Sicherheitspersonal zur Extrakontrolle gebeten, ansonsten geht man einfach weiter.

Dann machten die Studenten sich an die nächste Version des Prototypen, eine 3-D-Computervisualisierung des finalen Trolleys und ein kurzes erklärendes Video, in dem der neue Sicherheitscheck erläutert wird.

> **»Warum sind wir nicht selbst darauf gekommen?«
> Das ist eine typische und häufige Reaktion von
> Experten auf kreative Lösungen, die gemischte
> Teams entwickelt haben.**

Das Schweigen der Experten

Es folgte die Einladung zur Präsentation vor der Sicherheitskonferenz. Im Flughafen Tegel tagte die Runde in einem Konferenzraum des Verwaltungsgebäudes. Zwanzig Minuten waren uns freundlicherweise auf der Agenda der Experten eingeräumt worden. Im Rahmen der Präsentationen an der D-School war der F.A.S.T. sehr positiv aufgenommen worden, aber dies war nun die Feuerprobe. Die deutschen Experten aller relevanten Institutionen zu diesem Thema würden in den nächsten Minuten vor uns sitzen, kritische Begutachtungen vornehmen und sich dazu äußern. Die Aufregung war groß.

Die Studenten rollten den Trolley-Hocker-Prototypen herein, ich stellte kurz die Arbeitsweise der D-School vor, und dann präsentierte das Team sein Projekt, berichtete von den Rechercharbeiten am Flughafen und der daraus resultierenden Hocker-Idee. Sie demonstrierten den Sicherheitstrolley in allen seinen Feinheiten und erklärten die Funktionen und das Design anhand des Videos. Nach 20 Minuten dann das freundliche Signal der Konferenzleitung, zum Ende zu kommen. Danach: Schweigen im Walde. Kein Wort. Keiner der anwesenden Sicherheitsexperten wollte sich äußern. Kein gutes Zeichen, fanden wir.

Okay, war wohl nichts, dachte ich. Da sitzen Menschen, für die ist Sicherheit das tägliche Business, und dann kommen wir mit unserem Rollhocker – mehr als Mitleid scheinen wir nicht zu bekommen. Aber dann meldete sich Thomas Penner, der Vertreter des Flughafens München, zu Wort. Er schaute uns lange an, schaute dann in die Runde seiner Kollegen und sagte: »Das ist eine fantastische Idee, großartig, ich frage mich die ganze Zeit, warum sind wir nicht darauf gekommen, das ist super!«

Er zeigte sich beeindruckt von der Einfachheit, mit der der F.A.S.T. das komplexe Problem löste. Kaum hatte er zu Ende geredet, stimmten die anderen ein, sie waren alle der Meinung: »super Idee!« Jeder Einzelne, ob aus dem Ministerium, von der Bundespolizei oder von den Fluggesellschaften – alle waren sich einig: eine großartige Idee, die man unbedingt weiterverfolgen sollte. Sofort kam auch die Frage, ob schon ein Patent angemeldet sei.

 Die Multiperspektive gemischter und gut vernetzter Teams schafft es immer wieder, die Schwachstellen der Expertenkultur aufzuzeigen.

Positiv geschockt

Die Expertenrunde zeigte sich aber nicht nur euphorisch, sondern auch selbstkritisch: »Wir denken immer nur aus unserer Perspektive, wir schauen nicht auf den Fluggast.« In gewisser Weise waren alle positiv geschockt. Den Experten war vor Augen geführt worden, wie zielführend es sein kann, sich über die Silogrenzen hinweg auf den

Nutzer, in diesem Fall den Passagier, zu konzentrieren. Es war auch eine Demonstration der Studenten, die von Fragen der Flughafensicherheit zunächst keine Ahnung hatten, wie schnell es gelingen kann, sich auch in ein wirklich schwieriges Thema einzuarbeiten und dann zu Lösungsvorschlägen zu kommen, die vor Experten Bestand haben.

Aber auch wir waren positiv überrascht – mit einer solchen Zustimmung und Begeisterung hatten wir nicht gerechnet. Das ganze Team war in Euphorie versetzt. Die intensive Arbeit der letzten Wochen hatte sich gelohnt. Noch auf dem Nachhauseweg wurde diskutiert, wie es nun weitergehen sollte. Das Studium an der D-School war ja zu Ende, aber diese Sitzung war das eindeutige Signal, an dem Projekt weiterzuarbeiten. Nicht alle hatten Zeit und Lust weiterzumachen, aber vier waren fest entschlossen, ein Unternehmen zu gründen und aus der Idee und dem Prototypen ein Geschäftsmodell werden zu lassen.

Und wieder ein Beispiel, wie eine hochkomplexe, aus Sicht der Experten kaum lösbare Fragestellung sehr einfach, frappierend einfach, gelöst werden kann, dann, wenn man sich nicht ausschließlich auf die Fachexpertise verlässt, sondern sich inspirieren lässt von den Menschen, für die man eine Lösung sucht. Und sich auf einen Modus einlässt, der auf konsequente Vernetzung der beteiligten Personen und Disziplinen setzt. Der Experte addiert immer noch etwas hinzu, er will eine Sache immer noch besser machen, noch ein Gadget, noch eine Lösung, noch ein Detail – dabei entfernt er sich nicht selten vom eigentlichen Kern der Sache.

Für die Runde war es eine wachrüttelnde Erkenntnis. Die Experten erzählten uns, wie normalerweise ihre Sitzungen ablaufen: Jeder berichtet aus seinem Gebiet, man tauscht sich aus, bringt sich gegenseitig auf den neuesten Stand. Unsere Präsentation und die anschließende Diskussion brachten sie erstmals auf den Gedanken, dass sie diese Runden deutlich kreativer gestalten könnten, würden sie einen Teil der Zeit für Ideenentwicklung, Arbeit an konkreten Fragestellungen und Brainstorming nutzen. Allerdings würde das einiges an konkreten Änderungen erfordern.

Zunächst müssten sie die große Runde auflösen und sich in Teams mit maximal fünf Personen aufteilen, möglichst gemischt. Als Nächstes müssten sie den Konferenzraum wechseln, zumindest aber die Tische so stellen, dass die Gruppen relativ ungestört miteinander arbeiten können. Auch müssten Materialien wie Stifte, Papier, Pappen, Spielfiguren, vielleicht Lego oder Playmobil etc. zur Verfügung stehen, um erarbeitete Ideen visualisieren zu können. Und dann müssten sich alle auf kurze Arbeitsperioden im Team einstellen, noch kürzere Präsentationen ihrer Ergebnisse machen und das Ganze mehrfach wiederholen. Innerhalb sehr kurzer Zeit wären neue Ideen geboren, die ihr bisheriges Lösungsspektrum wahrscheinlich weit übersteigen könnten. Doch der Glaube an die Effizienz dieses neuen, vernetzten Modus schien ganz offensichtlich noch zu brüchig, und die entsprechenden Schritte in diese Richtung blieben aus.

Was wird nun aus dem Flughafen-Trolley, dem F.A.S.T.? Dem Studententeam ist es leider nicht gelungen, die nötige Finanzierung zu generieren und schnell die nächsten Schritte gehen zu können, obwohl alle Angesprochenen, die Sicherheitsorgane, die Fluggesellschaften, die Flughafenbetreiber und die Verwaltungen, ihre Unterstützung angeboten hatten. Auch die Hardware-Firmen, der weltgrößte Trolley-Hersteller Wanzel, die Scanner-Firma Smith-Heimann, waren allesamt von der Umsetzbarkeit der Idee überzeugt. Und ein Beratungsunternehmen hatte in einer Studie Einsparpotenziale bei Raumbedarf und Personal von rund 30 Prozent errechnet. Und trotzdem war auch hier der Vernetzungswille der beteiligten Institutionen (noch) nicht groß genug, um zum Beispiel ein Joint Venture zu starten, die Kompetenzen der Studenten zu integrieren und die Idee in die Tat umzusetzen.

Network Thinking hinter Gittern

Ein weiteres Studentenprojekt bringt mich an einen außergewöhnlichen Ort – ich bin zum ersten Mal in meinem Leben im Gefängnis. Es ist ein ganz besonderes Gefängnis, und ich bin zum Glück auch aus freien Stücken hier. Die Justizvollzugsanstalt Heidering liegt kaum 15 Minuten Autofahrt von meinem Arbeitsplatz entfernt, und doch wusste ich bis vor kurzem nichts von deren Existenz. Gefängnisse gehören zu den Orten, die absolut nicht auf meiner Besuchswunschliste stehen, die ich immer mit Respekt und großer Distanz zu umrunden versucht habe. Nun aber bin ich mit Menschen verabredet, die ihre acht Stunden Arbeitszeit in einer solchen Anstalt verbringen, für die das ein ganz normaler Arbeitsort geworden ist.

Wir gehen erst zum falschen Eingang, dem für die Menschen, die mehr als acht Stunden täglich hier verbringen müssen, und werden Zeuge einer Haftentlassung. Das eiserne Tor öffnet sich, und heraus tritt ein knapp 30 Jahre alter Mann, vollbepackt mit einem großen Rucksack und in jeder Hand zwei riesige, prallvolle Plastiktüten. Mit auf den Boden gerichtetem Blick marschiert der Mann nach draußen. Niemand begleitet ihn, niemand scheint auf ihn zu warten, er geht schweren Schrittes 20 Meter weit und macht dann erst mal, sichtlich erschöpft, eine Pause. Kein Bild der Freude.

Aber dann haben wir den richtigen Eingang gefunden, und da wir mit Anke Stein, der Direktorin dieser Haftanstalt, verabredet sind, werden wir auch gar nicht besonders durchsucht, sondern gleich von einem Mitarbeiter abgeholt. Die JVA Heidering ist eines der modernsten Gefängnisse Europas, das wird beim Gang durch die Räume der 2013 eröffneten Einrichtung schnell klar. Auf den ersten Blick könnte man denken, man sei in einem modernen Verwaltungstrakt eines großen Unternehmens, wenn da nicht die vielen vergitterten Fenster und die Menschen in Uniform wären, die auf erhöhten Beobachtungsgängen aufmerksam die verschiedenen Areale im Blick behalten. Nach dem sogenannten Pennsylvania-Modell ist diese Haftanstalt konzipiert, drei jeweils um einen offenen Kern sternförmig angelegte Hafttrakte, alles so optimiert, dass mit möglichst wenig Personal eine größtmögliche Sicherheit gewährleistet werden kann. Und doch werden für die 600 Häftlinge, die in Heidering Haftstrafen von bis zu fünf Jahren verbringen, rund 230 Bedienstete benötigt, die sich um die Häftlinge kümmern.

»Entzug der Freiheit ist unsere Aufgabe – keine Bestrafung, die darüber hinausgeht.« Damit leitet Frau Stein das Gespräch auf unser Thema. Wir haben uns getroffen, um über ein Studentenprojekt zu sprechen. Es geht darum herauszufinden, ob es einen sicheren Weg gibt, auch Gefangenen einen Zugang zum Internet zu ermöglichen. Dr. Gero Meinen, der zuständige Abteilungsleiter in der Berliner Justizverwaltung und damit Chef von acht Gefängnissen mit 4200 Inhaftierten und 2650 Mitarbeitern, hatte mich nach einem Vortrag auf dieses Thema angesprochen und nun freundlich ins Gefängnis eingeladen. Wir versuchten, uns dieser nicht trivialen Fragestellung anzunähern.

»Wir wollen nicht das Rad neu erfinden – es gibt gar kein Rad.« So erläutert Frau Stein die Rolle, die das Internet im Gefängnis derzeit spielt. In ganz Europa gibt es keine Haftanstalt, in der den Häftlingen der Zugriff aufs weltweite Netz gewährt wird. Niemand hat Erfahrung damit. Und das aus gutem Grund. Man befürchtet kriminelle Netzaktivitäten, Radikalisierung, pornografische bis hin zu kinderpornografischen Aktivitäten und kriminelle Verbünde. Seit einiger Zeit allerdings wird darüber nachgedacht, speziell mit Blick auf die Resozialisierung nach mehrjähriger Haftzeit, inwieweit es noch sinnvoll ist, Menschen den Umgang mit dem für uns alle so wichtig gewordenen Medium vorzuenthalten. Zumal gerade in Heidering jeder Haftraum mit einem TV-Anschluss versehen ist und TV-Geräte gegen Gebühr gemietet werden können, Fernsehen also im Alltag der Gefangenen angekommen ist.

Wie ließe sich nun ein Medium, das gerade im Bildungs- und Arbeitsalltag eine immense Rolle spielt, sinnvoll und sicher in das Anstaltsleben integrieren, ohne damit Gefahr zu laufen, kriminellen Aktivitäten Vorschub zu leisten? Mit dieser Frage waren sechs Studierende der HPI D-School zwölf Wochen lang beschäftigt. Viele Male haben sie sich mit Anstaltsleitung, Personal und insbesondere mit Häftlingen treffen und sich ein sehr intensives Bild von den Wünschen aller Seiten machen sowie die technischen Gegebenheiten eruieren können.

Das, was sie herausfanden, hat alle überrascht, selbst den zuständigen Justizsenator, der persönlich zur Abschlusspräsentation gekommen war. Sie stellten ein spezielles neuartiges Tablet-Konzept vor, das die sehr unterschiedlich gearteten Wünsche aller Beteiligten berücksichtigte. Das Internet stand dabei gar nicht so sehr im Mittelpunkt des Interesses – im Gegenteil –, von einem Zugang zum Internet generell riet das Studententeam eindeutig ab. Allerdings wurde der Wunsch der Inhaftierten nach Vernetzung vor allem mit der Familie, aber auch mit der Anstaltsleitung und den Sozialarbeitern berücksichtigt. Ein geschlossenes drahtloses System war im Prototyp entstanden, mit personalisierten Geräten für E-Mail-Kontakte mit einer eng festgelegten Personengruppe, dem Zugriff auf eine Offline-Wissensdatenbank (Wikipedia etc.) und einem direkten Draht zum Anstaltspersonal – alles unter Verwendung verfügbarer Technologie- und Sicherheitskomponenten.

Nun heißt es, diesen Prototypen zu entwickeln und in die Anstaltsrealität zu integrieren – in einem Testlauf in der JVA Heidering, zu dem die Anstaltsleitung sowie der Justizsenator fest entschlossen sind.

Design Thinking bietet die Chance, einfache Lösungen für komplexe Fragestellungen zu finden. Das gleichförmige Denken selbst vieler hochkarätiger Experten bedeutet dagegen oft nur eine Potenzierung ähnlicher Optionen. Die Frage der Machbarkeit schiebt sich dann vor die Frage der Brauchbarkeit. Solche Einbahnstraßen zu vermeiden, diesen Vorteil bietet das vernetzte Denken, die Verknüpfung unterschiedlicher Intelligenzen, durch das unterschiedlichste Blickwinkel und unterschiedlichstes Wissen in einem Prozess zusammengeführt werden, der immer wieder reflektiert und nötigenfalls auch korrigiert wird.

06 / Wir leben Kompetenz

WIE MODERNES DENKEN AUCH UNTER EICHENHOLZDECKEN FUNKTIONIERT

In Stockholm stehe ich auf einer Baustelle. Dort wird mitten in der Stadt ein Verwaltungsgebäude komplett umgebaut, um darin Außergewöhnliches zu wagen. Nicht irgendwo am Stadtrand, nein, mitten im Zentrum der schwedischen Hauptstadt entsteht ein multidisziplinäres Zentrum, das es in dieser Form noch in keiner anderen Stadt gibt. Ich bin eingeladen von der Stadtverwaltung, mir das Projekt anzusehen.

Stockholm steht vor Problemen, die wohl alle großen Städte in Europa kennen. Die Metropole hat mit wachsender Verkehrsbelastung zu kämpfen, die Zahl der Autos nimmt ständig zu, die öffentlichen Nahverkehrsmittel können den Bedarf nach Mobilität längst nicht mehr alleine stemmen.

Außerdem wird das Wohnen in der Stadt teurer und die Bevölkerung immer älter. Das hat nicht zuletzt auch Folgen für die Gesundheitsversorgung: Wie lässt sich sicherstellen, dass Ärzte und Pflegestationen für alle in erreichbarer Nähe sind? Wie gelingt es, die Generationen zu vereinen, Alt und Jung zusammenzubringen? Noch mehr Fragen stellen sich im Hinblick auf die Stadtentwicklung: Wie soll die Arbeit von morgen organisiert werden? Wie sind künftig städtische Aufgaben wie beispielsweise die Müllentsorgung zu bewältigen? Und welche logistischen Herausforderungen stellen sich in einer größer werdenden Metropole?

Ein neuer Lösungsort im Norden

Bisher hatte man zur Lösung derartiger Fragen meist externe Berater zur Unterstützung der Verwaltungseinheiten hinzugezogen, viele Millionen Kronen für Studien ausgegeben, die den Status quo mehr oder weniger differenziert dokumentierten und auch mit einer beeindruckenden Zahl von Handlungsempfehlungen aufwarteten – wie hilfreich das im Einzelnen war, blieb als Frage offen. In Stockholm besann man sich deswegen auf die hochkarätigen Universitäten vor Ort, die »Stockholm Universitet«, die Hochschule »Södertörns Högskola«, das »Karolinska Institutet«, als mögliche Unterstützer. Wie wäre es, eigens einen neuen, interdisziplinär ausgerichteten Ort zu schaffen, an dem sich die Verantwortlichen der Stadtverwaltung mit Experten, Wissenschaftlern aller drei Universitäten und Künstlern treffen, um gemeinsam mit Studententeams an Lösungen für die anstehenden komplexen Fragestellungen zu arbeiten? Damit war die Idee für das sogenannte »OpenLab« geboren, das im Februar 2015 die Türen öffnete.

Warum nicht die Kompetenz von Universitäten nutzen, um anstehende Herausforderungen der Gesellschaft gemeinsam in Angriff zu nehmen? So naheliegend die Idee ist, so wenig wird sie bis jetzt umgesetzt.

Schaffen wir einen Ort, der uns dabei hilft, die Probleme und komplexen Herausforderungen einer ständig wachsenden Metropole in den Griff zu bekommen. Dafür, und da war man sich in Stockholm einig, müssen ein paar Mauern fallen: Wir bieten einen Platz, an dem sich Kunstprofessoren und Geologen, Stadtplaner, Mathematiker und Soziologen, Gerontologen und Betriebswirtschaftler, Mediziner, Maschinenbauer und Designer gemeinsam auf den Weg machen, die Stadt für die Zukunft zu präparieren – und genau dafür gibt es nun dieses neue multidisziplinäre Zentrum mitten in Stockholm.

Das wäre ungefähr so, als würde man in Berlin ein Laborgebäude für die Technische Universität, die Freie Universität, die Universität der Künste und die Humboldt-Universität schaffen, um dort drängende Stadtprobleme zu lösen. Zum Beispiel das Problem, wie man einen unfertigen Flughafen zu einem fertigen macht oder wie in einer Metropole halbwegs bezahlbarer Wohnraum geschaffen wird. Oder gemeinsam – vom Mediziner bis zum Kunstprofessor – die Frage behandelt wird, welche Auswirkungen der demografische Wandel für Berlin hat – und welche Probleme dringend in Angriff genommen werden müssen. Das scheint undenkbar, eine völlig unrealistische Vorstellung. Werde ich doch in Deutschland, wenn ich die Idee der Zusammenführung der Disziplinen erkläre, immer noch häufig gefragt: »Das meinen Sie jetzt nicht ernst, Herr Weinberg.«

Düstere Mienen

Die Frage kommt oft und gern aus dem nicht eben kleinen Kreis der Skeptiker. So hatten wir beispielsweise vor einiger Zeit bei uns im Institut in Potsdam die komplette Verwaltungsleitung einer deutschen 40 000-Seelen-Kommune aus dem Nordosten Brandenburgs zu Gast. Dabei waren die leitenden Mitarbeiter aller Verwaltungsbereiche, auch der Zoodirektor. Der Bürgermeister hat, nachdem er uns kurze Zeit zuvor einen Besuch in Potsdam abgestattet hatte, die jährliche Strategieklausur der Verwaltungsleitung einfach nach Potsdam ans HPI verlegt und einen Design-Thinking-Workshop gebucht – und nun saßen sie bei uns.

Wir begannen unseren Workshop wie immer mit einer Einführung in die Vorzüge des fächerübergreifenden und hierarchiefreien Zusammenarbeitens. Ich beschrieb, wie man einzelne Disziplinen vernetzten sollte und wie Kompetenzen aus verschiedenen Bereichen ineinandergreifen können und dass eben auch ein Biologe oder ein Mathematiker Probleme der Stadtentwicklung lösen könne (wenn man sie denn ließe). Ich berichtete von Projekten, die wir im Laufe der Jahre mit Studierenden für Unternehmen und öffentliche Einrichtungen durchgeführt hatten. Schließlich malte ich mein Brockhaus-Modell an das Whiteboard und erklärte, dass wir dem Pfeil in Richtung Netzwerk folgen müssen, um den Anschluss nicht zu verpassen.

Ich schaute in die Runde. Und da kam sie wieder, die Frage – von einem der reichlich ungläubig blickenden Verwaltungschefs: »Das meinen Sie doch jetzt nicht ernst, Herr Weinberg.«

Die Abordnung hatte sich für zwei Tage bei uns eingebucht, und schon nach 15 Minuten schien das Interesse erlahmt. Die Mienen der

Teilnehmer verrieten eindeutig das Unbehagen, in einem solch ungewohnten Ambiente mit Ideen konfrontiert zu werden, die so gar nicht zu dem Erfahrungsschatz der Verwaltungswelt zu passen schienen. Es gelang uns, wenigstens halbwegs unsere Ideen darzustellen, überzeugt waren anfangs die wenigsten. Aber nach zwei Tagen Workshop sah das schon ganz anders aus. Es gab immer noch einzelne Skeptiker, doch die meisten hatten erstaunlich positive Erfahrungen in den zwei Tagen gemacht und fingen an, darüber nachzudenken, ob und – wenn ja – wie diese Arbeitsweise den Verwaltungsalltag verbessern könnte. Mit der Leiterin der Schulbehörde wurde sogar ein studentisches Innovationsprojekt verabredet: Für eine Brennpunktschule der Stadt sollte ein neues räumliches Konzept entwickelt werden, das die Lernerfahrung der Schüler unterstützt.

Wurst 2.0

Nach einem Vortrag auf einem Kongress sprach mich ein freundlicher jüngerer Mann an: Er habe da eine Fragestellung, die sei aber sicher für unsere Studenten nicht von Interesse – es gehe dabei um Wurst. Der freundliche junge Mann entpuppte sich als Frank Kühne, Gesellschafter eines großen Gewürzzulieferers der deutschen Metzgereien, gleichzeitig Vorstand der Raps-Stiftung, die Lebensmittelforschung fördert. Er schilderte mir kurz das Problem: Die deutschen Metzger und Wursthersteller stehen vor großen Herausforderungen. Die ansteigende Zahl von Veganern und Vegetariern macht ihnen Sorgen. In den Konzepten für das gesunde und humane Leben werden Fleisch- und Wurstwaren immer mehr zu Nebenprodukten, ja fast nur geduldeten Erzeugnissen, die man sich »mal gönnen« darf, die aber nicht elementar zur Ernährung gehören sollten. Eine der zentralen Fragen der Branche dreht sich daher um die Zukunft der Wurst, was muss geschehen, damit Menschen wieder gern und mehr Wurstwaren konsumieren, wie kommt man zu Innovationen?

 Es gibt keinen Bereich, der von Vernetzung nicht profitieren könnte.

Wie also steht es um die Wurst 2.0? Werden wir in zehn Jahren noch Wurst essen? Und wie wird diese Wurst aussehen? Es mag abwegig klingen, doch auch dieser Industriezweig setzt Hoffnungen in vernetzte Strukturen. Sie maßen sich nicht an zu wissen, wie sich der Wurstverzehr entwickelt, sie wollen daher aus unterschiedlichsten Blickwinkeln über etwas sprechen, das noch bis vor wenigen Jahren eine unantastbare Größe war: die deutsche Wurst. Aber offenbar scheinen auch die Fleischwarenhersteller an Grenzen zu geraten und setzen nun ihre Hoffnungen auf Innovation durch Vernetzung, auf Input durch Netzwerke, auf das Multidisziplinäre. Das klingt vielleicht lustig und wirkt amüsant, Stichwort: »die vernetzte Wurst«. Für die Branche sind das jedoch handfeste Probleme, die Hersteller spüren auch beim Umsatz einen negativen Trend.

Braten, Speck und Wurst kommen in Deutschland nach Angaben der Stiftung Warentest immer weniger auf den Tisch. Die Zahl der Metzgereien ging in den letzten zehn Jahren um 15 Prozent zurück. Gab es in den 1980er Jahren noch etwa 40 000 Metzgereien in Deutschland, sind es heute nur noch rund 14 000. Die gute Zeit der Metzgereiprodukte scheint vorbei. Ein Grund für den Rückgang seien die gestiegenen Preise. Der Gesellschaft für Konsumforschung (GfK) zufolge kostete im Jahr 2014 ein Kilogramm Fleisch insgesamt 17 Prozent mehr als noch 2010, bei Wurst belief sich die Differenz auf 12 Prozent. Der andere Grund aber ist ein gesteigertes Gesundheitsbewusstsein der Konsumenten sowie Berichte über unwürdige Massentierhaltung und Gammelfleisch-Skandale. Vor allem aber haben die veränderten Essgewohnheiten in den letzten Jahren den Wandel forciert. Es ist also legitim, dass der Branche etwas einfallen muss.

In Potsdam ging es also um die Wurst. Wir starten zusammen ein multidisziplinäres Projekt. Zwölf Wochen lang sind Anika: Kommunikationsdesign, Melina: Journalismus, Felix: Verpackungstechnologie, Olga: Produktdesign, und Nils: Erwachsenenbildung, unterwegs, um herauszufinden, wie sich das Verhalten von Wurstkonsumenten verändert und wie Wurstproduzenten darauf reagieren sollten. Nach einer ersten Ideenrunde, in der unter anderem eine Crowdfunding-Plattform für neue Geschäftsideen mit dem Namen »PigStarter« und eine Initiative für artgerechtere Tierhaltung und persönliche Bindung mit dem Titel »Adopt a Pig« diskutiert wurden, hat sich das Studententeam auf den Generationswechsel in den Unternehmen konzentriert. Die Gruppe hat eine Initiative entwickelt, die Brücken zwischen der analogen Gründergeneration und den digital vernetzten Nachfolgern baut und einen gemeinsamen Kreationsprozess in Gang setzt. Frank Kühne und seine Stiftungskollegen waren davon so angetan, dass die Raps-Stiftung diese Idee umsetzen will.

In den blauen Hallen

Zurück nach Stockholm: Nachdem die Stadtverwaltung dort schon seit geraumer Zeit mit dem Gedanken gespielt hatte, ein multidisziplinäres Zentrum zu eröffnen, fing sie irgendwann an, sich zu informieren und durch die Welt zu reisen. Sie waren im Silicon Valley, besuchten die d.school in Stanford, recherchierten ausgiebig neue Methoden, die komplexe Fragestellungen lösen halfen. Maßgeblich beteiligt daran war Ivar Björkman, der heute das neue Zentrum leitet. Er stieß schließlich auch auf Potsdam und lud mich nach Stockholm ein.

Und schon bald stehe ich im Rathaus, im weltberühmten Stadhuset von Stockholm. In den Gängen atmet man förmlich den Hauch der Geschichte und der Wissenschaften. Denn im Stockholmer Stadhuset findet jedes Jahr in der »Blauen Halle« (*blå hallen*) das Bankett zu Ehren der Nobelpreisträger statt. Und genau durch diese Halle führt mich die Assistentin, und dann geht's in die Finanzabteilung, ein paar Stockwerke höher.

»Genau! Genau das ist unser Problem«

Vor mir sitzen vier Mitarbeiter der Stockholmer Stadtverwaltung, unter anderem der Stadtkämmerer, der für den neuen Projektort finanzielle Mittel bereitgestellt hat. Wir begrüßen uns, man zeigt sich skandinavisch offen und sehr interessiert. Nichts von »Das meinen Sie doch jetzt nicht ernst.« – im Gegenteil: Alle sind bereit, sich auf Neues einzulassen. Ich gehe an das Flipchart, spreche vom wachsenden Veränderungsdruck in der Gesellschaft und beginne zu zeichnen: oben das Rechteck mit den senkrechten Strichen, mein Brockhaus-Symbol, ergänzt durch die beiden Buchstaben A und Z. Etwas unterhalb des Rechtecks male ich an der Seite den nach unten weisenden Pfeil und dann die Gitternetzstruktur. Kaum habe ich ein paar Worte dazu gesagt, springt der Kämmerer auf und ruft: »Genau! Genau, das ist es, genau das ist unser Problem!«

 **Sobald Themen, Fragen, Probleme bildlich dargestellt werden, lösen sich meist auch gedankliche Blockaden.**

Er ist begeistert. Er stürzt zum Flipchart, schnappt sich einen Stift und ergänzt mein Bild. Er trägt Stockholmer Zuständigkeiten ein, also wer aus seiner Sicht, wo was zu tun hat, wer wo gerade tätig ist und wie man was sinnvoll verändern könnte. Es entsteht eine sehr engagierte Diskussion, die ich selten so erlebe, schon gar nicht mit Mitarbeitern einer Stadtverwaltung. Es ist schön zu sehen, wie dieses einfache Bild hilft, die aktuelle Situation zu beschreiben und Diskussionen und Denkprozesse über die notwendigen nächsten Schritte zu entfachen.

Ich sitze also im Rathaus in Stockholm, einem Gebäude, das im Jahr 1911 errichtet wurde. Es ist von einer gewissen nordischen Schwere, roter Backstein, unglaublich viele Holzintarsien und Goldmosaike. Man greift und riecht förmlich die Tradition, unter deren Einfluss hier eine Stadt gelenkt wird – auch das zeugt von einer gewissen Schwere. Die sich aber ganz offensichtlich nicht als Schwere des Denkens niedergeschlagen hat. Denn in dieser Atmosphäre, die an Altehrwürdiges, an nordische Traditionen und reges Handelsleben erinnert, diskutieren wir offen und zielorientiert über die Nivellierung von Hierarchien, skizzieren den Abschied von den Fachdisziplinen und diskutieren eine neue schwedische Art des Problemlösens. Die Fachbereiche aufzugeben würde für viele einen Einschnitt bedeuten, aber spürbar wichtiger als die Verteidigung ihrer eigenen Pfründe und der Kampf um Zuständigkeitsbereiche ist ihnen das Vorankommen der Stadt.

Knapp ein Jahr später, im Februar 2015, bin ich zur Eröffnungsfeier des »OpenLab« eingeladen, die ich mit einem Festvortrag beginnen darf. Als zweiter Redner ist live zugeschaltet aus Bangalore Dr. Devi Shetty, ein Herzchirurg, der eine Kette von Herzkliniken in Indien gestartet hat mit dem Ziel, die Behandlungskosten für Herzoperationen um 50 Prozent zu senken. Der Platz vor der Kamera ist erst leer, dann kommt ein Assistent ins Bild, der erklärt, dass Dr. Shetty noch im OP sei, aber ein paar Minuten später sitzt er, noch mit OP-Kittel und -Mütze und heruntergezogenem Mundschutz, vor der Kamera und berichtet von seinem Projekt. Ein Zusammentreffen mit Mutter Teresa, sie war nach einer Herzattacke von ihm operiert worden, hatte dem in Indien mittlerweile sehr bekannten Herzchirurgen 1990 den Anstoß gegeben, über ein radikal neues Konzept für Kliniken nachzudenken, mit Blick auf den großen Bedarf an Herzoperationen im Land, dem mit Kliniken und Kostenvolumen westlichen Zuschnitts nicht zu begegnen war.

Die Nöte der Menschen wurden für ihn die treibende Kraft, nicht der Wunsch nach eigenem Wohlstand. Entstanden sind mehr als 15 Narayana-Kliniken im ganzen Land, die Herzoperationen zu einem Bruchteil der Kosten in westlichen Kliniken anbieten können – mit dem gleichen Standard. Möglich wurde diese Kostenreduktion durch konsequenten Einsatz digitaler Technologien und radikales Überarbeiten des gesamten medizinischen Systems, inklusive der Entwicklung eines Versicherungssystems, das sich auch sehr arme Menschen leisten können. Je nach Einkommen zahlen die Patienten den vollen Preis oder Anteile, Mittellose werden gesponsert. Tägliche Finanz-Checks und eine ausgewogene Verteilung von Vollzahlern und Teilzahlern bestimmen die OP-Pläne. Teures Operationsmaterial wird mittlerweile nicht mehr aus dem Westen importiert, sondern von selbst aufgebauten Start-ups kostengünstiger für den eigenen Verbrauch hergestellt. Bei einem Netz von über 15 Kliniken und über 100 assoziierten Einrichtungen im Lande rentiert sich das. Auf die Frage der Moderatorin, was der Westen von seinen Erfahrungen lernen könne, antwortet Dr. Shetty nüchtern: »Nichts. Der Westen ist reich und hat ganz andere Fragestellungen. Reichtum lähmt die Kreativität.«

Die Überwindung der institutionalisierten Grenzen in Theorie und Praxis bedeutet zumindest, zu angemesseneren, nachhaltigen Lösungen zu kommen.

Da haben Experten ganze Arbeit geleistet

Noch einmal: Man stelle sich das in einer deutschen Stadt, zum Beispiel Berlin, vor. Es gäbe dort schon ein multidisziplinäres Zentrum, dem komplexe städtische Fragestellungen unterbreitet werden könnten. Ein Zentrum, in dem nicht nur die Experten zu Wort kommen, sondern in dem ganz unterschiedliche Interessengruppen gemeinsam ihre Vorstellungen im kreativen Miteinander entwickeln, begleitet von erfahrenen Coaches, die trainiert sind, auch diametral entgegengesetzte Interessenlagen auf eine gemeinsame Vision hin zu moderieren. Und dieses Miteinander würde eben genau nicht in meterhohen Papierstapeln münden, sondern in greifbaren Prototypen, in Modellen und Konstrukten, die nicht nur eine mögliche Architektur, sondern auch das Eingebundensein in einen städtischen Kontext, in sich wandelnde gesellschaftliche Bedürfnisse abbilden würden. Beispiel Berlin Airport: Sieht man sich die aktuelle Planung an, so kommt man schnell zu dem Schluss, dass hier zwar intensiv an einem Flughafen geplant wurde, nicht aber an einem integralen Mobilitätskonzept für eine Millionenmetropole, das, um nur ein Beispiel zu nennen, auch die Anfahrtswege für jährlich bis zu 45 Millionen Passagiere mit sich deutlich änderndem Mobilitätsverhalten einplant.

In den nordischen Ländern herrscht eine größere Offenheit, was soziale Experimente anbelangt. Hier ist man eher bereit, neue Wege zu gehen. Wie auch zum Beispiel in der finnischen Hauptstadt Helsinki. Hier wurde bereits 2008, betrieben durch das finnische Bildungsministerium, die Idee der Aalto-Universität geboren, die schon zwei Jahre später als Zusammenschluss dreier ehemals eigenständiger Universitäten – der Technischen Universität Helsinki, der Handelshochschule Helsinki und der Hochschule für Kunst und Design Helsinki – eröffnet wurde. Neben verschiedenen Schools entstanden auch vier sogenannte Factories. In diesen offenen Kollaborationsplattformen wird fächerübergreifend wie in einem Labor in Partnerschaft mit Unternehmen und öffentlichen Einrichtungen an konkreten Fragestellungen aus den Bereichen Dienstleistung, Medien, Design und neuerdings auch Gesundheit gearbeitet. Abgeschottete Forschung, die den Anforderungen der Zeit längst nicht mehr gerecht wird, spielt hier keine Rolle, vielmehr setzen die Factories auf Vernetzung, sowohl theoretisch als auch praktisch.

Die Einhegung der Kompetenzen war über Jahrhunderte unserer wissenschaftlichen, wirtschaftlichen und gesellschaftlichen Realität angemessen. Heute erweisen wir uns durch diese Selbstbeschränkung einen Bärendienst. Wir berauben uns selbst unserer Möglichkeiten, die sich im kompetenzübergreifenden Austausch erst wirklich entfalten können. Die Zusammenführung der Potenziale, im gemeinsamen Prozess erzielte Ergebnisse vermögen uns selbst und unsere Vorstellungen weitaus besser abzubilden, als eine noch so ausgefeilte Expertenkultur es je schaffen kann.

07 / Leben und Arbeiten im Überall

WIE COWORKING DIE ALTE ARBEITSWELT BEFLÜGELT

Gehören Sie zu den Millionen von Menschen in Deutschland, die in einem der großen, global agierenden Konzerne angestellt sind? Oder arbeiten Sie in einem der mittelständischen Unternehmen oder in einem kleinen Handwerksbetrieb oder Start-up? Wenn Sie »Brockhaus« gedanklich gegen den Firmennamen schon ausgetauscht haben, werden Sie sicher auch bereits erste Überlegungen angestellt haben, inwieweit das Brockhaus-Denken bei Ihnen und Ihren Kollegen noch dominiert.

Nehmen Sie sich nun ein Blatt Papier und einen Stift und zeichnen Sie in die obere Hälfte des Blattes die grobe Struktur Ihres gesamten Unternehmens mit den verschiedenen Abteilungen oder auch nur die Struktur Ihrer Abteilung. Es geht hier nicht darum, ein möglichst exaktes Abbild des Unternehmens zu geben, zeichnen Sie die wesentlichen Bereiche Ihrer Arbeitsumgebung auf, das genügt. Auf jeden Fall aber sollte der Firmenname beziehungsweise die Abteilungsbezeichnung über dem Brockhaus-Raster stehen. In diesem ersten Schritt wollen wir noch keine Hierarchie abbilden, sondern einfach nur die verschiedenen Bereiche nebeneinander auflisten. Das Ganze könnte dann ungefähr so aussehen:

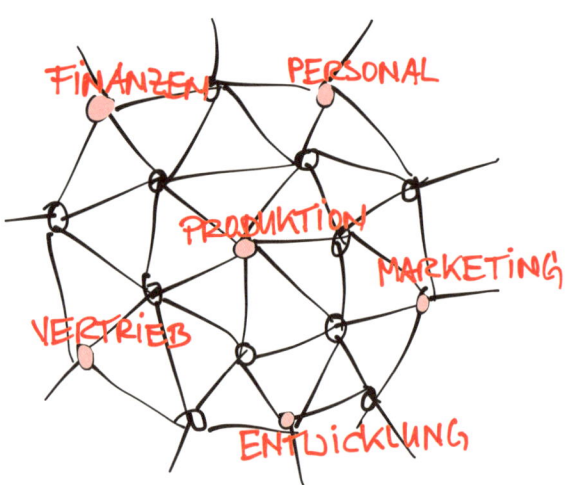

Nun zeichnen Sie in die untere Hälfte des Blattes so viele Punkte in lockerem Abstand, wie Sie Firmenbereiche ausfindig gemacht haben, und setzen Sie unter jeden dieser Punkte die entsprechende Bereichs- oder Abteilungsbezeichnung. Verbinden Sie die Punkte mit Linien und ziehen Sie auch Linien von den äußeren Punkten nach außen. Etwa so:

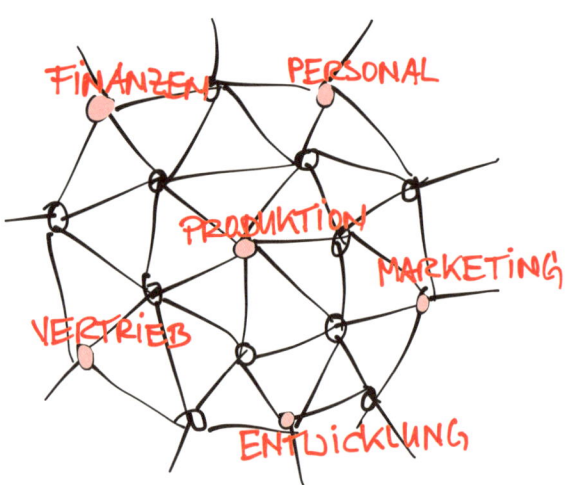

Die nach Abteilungen und Bereichen geordnete Struktur von Unternehmen und Organisationen wird sich zugunsten eines vernetzten Gefüges mit fluiden Grenzen und Kompetenzbereichen auflösen. Dann erst werden Lösungen möglich, die der wachsenden Komplexität der Aufgaben entsprechen.

Auf den ersten Blick wird Ihnen diese Zeichnung wahrscheinlich chaotisch erscheinen, da Ihnen die »geordnete« Struktur noch sehr vertraut ist und es Ihnen entsprechend schwerfällt, sich mit der neuen, vernetzten Sicht auf Ihr Unternehmen so ohne weiteres anzufreunden. Am besten, Sie gönnen sich jetzt wieder eine Tasse Tee, bevor Sie sich weiter damit beschäftigen, Ihr Unternehmen von Grund auf neu zu denken. Vielleicht hilft es Ihnen, wenn Sie an den leeren Regalplatz denken, den die Brockhaus-Bände hinterlassen haben, und daran, dass der Schritt vom statischen zum dynamischen vernetzten Wissensmodell irreversibel ist.

In Zukunft wird auch in Ihrem Unternehmen die gute Vernetzung zwischen den Abteilungen eine größere Rolle spielen als die Abteilungsgrenzen selbst. Die Strukturen werden sich verändern, manche Abteilungen wird es vielleicht gar nicht mehr geben, und andere kommen hinzu. Notwendige Veränderungen werden nicht mehr allein von der Entwicklungsabteilung wahrgenommen, sie können aus allen Bereichen heraus initiiert werden und von entscheidender Bedeutung für den Erfolg des Unternehmens sein.

Fügen Sie nun in Ihrer Zeichnung die Ebene der Hierarchie im Unternehmen hinzu und setzen Sie über die Brockhaus-Struktur einen Kasten, in den Sie »Vorstand« oder »Geschäftsleitung« schreiben, und darunter ziehen Sie einen Strich für die Abteilungsleiter. Das könnte dann ungefähr so aussehen:

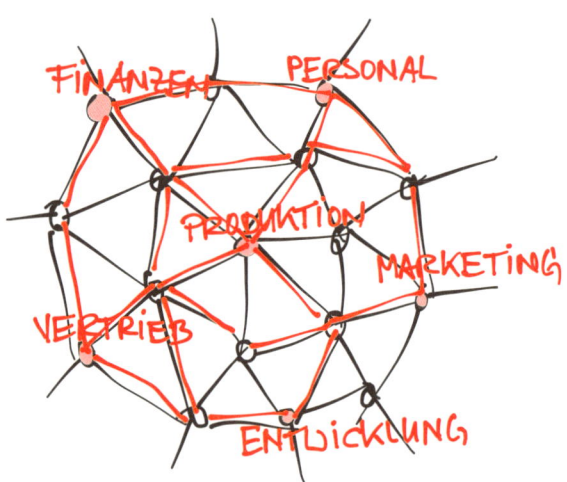

Und nun versuchen Sie sich vorzustellen, wie diese Führungspersonen im Netzwerk agieren, welche Rolle sie vornehmlich spielen sollen. Wie sie sich untereinander in regelmäßigen Abstimmungsrunden besser verständigen, die Brücken zwischen den Abteilungen herstellen, Zusammenarbeit über die Abteilungsgrenzen hinweg anregen und die Mitarbeiter motivieren, das Gleiche zu tun, immer mit dem Blick auf das Ganze, immer den Erfolg des Ganzen im Auge. Stärker als bisher werden sie die Funktion des Moderators übernehmen, Netzwerkmanager sein und wichtige Beziehungen pflegen.

Mit Zugangskarte in die neue Welt

Wo kann man vernetztes Arbeiten besser erleben als in einem der sogenannten Coworking Spaces, die in vielen Städten in den letzten Jahren entstanden sind. Einer dieser Orte ist das 2009 gegründete Berliner Betahaus, das mit 2500 Quadratmetern auf vier Etagen rund 200 Menschen Platz bietet. Auch in Hamburg, Köln, Sofia oder Barcelona gibt es entsprechende Angebote. Im Berliner Betahaus habe ich für eine Woche ein »Flexdesk« gemietet, das heißt, mir steht ein Stuhl an einem der frei verfügbaren Tische – die sind markiert mit einem grünen Punkt – in der Zeit von 8 bis 20 Uhr zur Verfügung, Strom, Heizung, WLAN, WC-Nutzung und Müllentsorgung inklusive.

Im Tausch gegen meinen Personalausweis bekomme ich eine Zugangskarte mit der Nummer 1000 0175, sie öffnet die Etagentüren. Das Haus ist voll, auf allen Etagen arbeiten Menschen an ihren Notebooks, schreiben oder denken nach, viele von ihnen tragen Kopfhörer, um sich vor störenden Geräuschen zu schützen. Andere sitzen um Tische und unterhalten sich gedämpft, wieder andere telefonieren. Die meisten Arbeitsplätze sind als offene Bürositation gestaltet, Wände gibt es in diesem alten Fabrikgebäude nur vereinzelt, und die wenigen vorhandenen Türen stehen offen. Man hat hier das starke Gefühl, dass es gar nicht so unbeliebt ist, wenn man sich gegenseitig über die Schulter schaut.

Wissen und Fertigkeiten jederzeit und bedenkenlos zu teilen – das wird die Arbeitshaltung der Zukunft sein. Die gegenseitige Unterstützung, der Expertenaustausch über Fachgrenzen hinaus wird zum selbstverständlichen Arbeitsmodus werden. Streng hierarchische Strukturen geben dazu nicht mehr den passenden Rahmen ab.

Alexander Steinhardt, ein Betahaus-Nutzer, der mir freundlicherweise eine kleine Tour durchs Haus anbietet und die besten Flexdesk-Plätze zeigt, arbeitet mit zwei Freunden seit Monaten an einer Software, die eine bessere Trennung von Arbeits- und Privatleben über ein Mobiltelefon ermöglichen soll. »Offtime« soll die App heißen, mit deren Hilfe ich Zeitslots auf Mobilgeräten definieren kann, in denen ich gar nicht oder nur für einen kleinen Kreis von Freunden erreichbar bin. Die App sendet freundliche Nachrichten an alle, die sich in den Off-Zeiten an mich wenden wollen, und weist auf Zeitfenster hin, in denen ich besser erreichbar bin. Für drei Monate reicht das Geld noch, für die weitere Entwicklung wollen die drei in Kürze über eine Crowdfinancing-Plattform weiteres Kapital einwerben. Wie sie hier arbeiten, will ich wissen, und Alexander zeigt mir den Tisch in einem großen Raum, an dem er und seine Kollegen sich an vier Tagen in der Woche treffen. Hier haben sie ihre Computer angekettet und sitzen bei Kaffee und guter Laune zusammen. Besprechungen machen sie in einem der Meeträume nebenan oder gehen runter ins Café. Dort trifft sich die Kiezszene mit den Betahäuslern zum beta-Breakfast oder Lunch, es findet tatsächliches Networking statt, wird Network Thinking gelebt. Man muss sich nur einen Milchkaffee oder Chai Latte bestellen, und schon kann's losgehen.

Das Betahaus ist ständig in Bewegung, alle paar Monate werden Räume umgebaut, neue Areale geschaffen und neue Events ins Leben gerufen. Es gibt eine Werkstatt, in der Holz und Metall bearbeitet werden kann, Präsentationsräume mit Projektoren und Musikanlagen, kleine Arenen für offene Gesprächsrunden, abgetrennte Büroräume für die, die den Flexdesks entwachsen, aber noch nicht »groß« genug sind für ein eigenständiges Büro. Ein lebendiger Organismus mit vielen Facetten und Räumlichkeiten für jede Arbeitssituation. Hier treffen Informatiker auf Soziologen, Betriebswirte auf Designer, Maschinenbauer auf Juristen. Hier entstehen nahezu täglich neue Geschäftsideen für eine vernetzte Welt, und hier sind sie auch gleich zu finden, die Experten, die man braucht, um sie umzusetzen.

Der Stuhl kracht

Das sechsköpfige Gründerteam selbst ist ein wundervolles Beispiel für vernetztes Arbeiten. Von Hierarchie ist hier keine Spur, und Stillstand gibt es nicht an einem Ort, an dem ständig neue Ideen geboren werden. Ich lasse mich zur ersten Arbeitsphase im »Dialog 4« nieder, einem Meetingraum, der aber gerade nicht genutzt wird. Hier kann ich erst einmal ankommen, mich sortieren, den Netzzugang einrichten und spüren, wie es ist, mit seiner Arbeit und seinen Gedanken erst einmal bei sich zu sein, raus aus jedem beruflichen und familiären Kontext.

Am Nachmittag wandere ich dann weiter, zuerst zum Café, um mich wieder ein wenig aufzuwärmen – es sind noch kühle Frühlingstage, und nicht alle Räume im Gebäude sind gut geheizt. Der Stuhl, eines der vielen unterschiedlichen, offenbar vom Sperrmüll stammenden Exemplare, gibt unter meinem Gewicht nach und kracht auseinander. Ich hole mir einen anderen vom Nachbartisch. Meine

Tischnachbarin, vertieft in die Lektüre am Notebook, nimmt kurz mit freundlichem Lächeln Anteil und arbeitet dann weiter. Dann kommt ein junger Mann mit einem iPad und einem iPhone zu mir an den Tisch und fragt auf Englisch, ob ich kurz Zeit hätte, seine App zu testen, die er hier im Betahaus zu entwickeln gedenkt.

Bei der Software geht es um *Blinkist*, eine Informationsplattform, auf der neueste Bücher in Kurzfassung für alle angeboten werden, die wenig Zeit haben und trotzdem auf dem Laufenden sein wollen. Er reicht mir sein iPhone und bittet mich, nach kurzer Instruktion, die App zu bedienen. Etwa eine halbe Stunde lang streiche ich durch Menüs und berichte nebenbei von meinen Eindrücken. Er beobachtet und schreibt fleißig mit auf seinem iPad. Bedankt sich dann für den fruchtbaren Input und geht wieder.

➤ Von kritischem, kreativem Feedback, gegenseitiger Unterstützung und Fehlertoleranz lebt die vernetzte Denk- und Arbeitswelt. Dazu gehört dann auch eigenverantwortliches und selbstbestimmtes Arbeiten.

Hier wird Wissen geteilt

Danach begebe ich mich in die zweite Etage, suche mir einen neuen Platz in einem größeren Büro. Hier sitzen drei kleine Teams, eines mit vier, die beiden anderen mit zwei Personen. Für die Woche habe ich mir vorgenommen, möglichst viele Perspektivwechsel zu erleben, herauszubekommen, welche Arbeitsatmosphäre für mich am besten ist. Ich setze mich an einen freien Tisch. Ruhige, konzentrierte Arbeitsatmosphäre, ab und zu kurze Gespräche, ansonsten ist jeder mit seinem Notebook beschäftigt. Große Cola- und Wasserflaschen auf den Tischen, Kekstüten, alles selbst mitgebracht. Verabredung zweier Teamkollegen für die nächsten Tage: »Ich arbeite morgen zu Hause.«

Hier ist zu erleben, wie unsere Arbeitswelt von morgen sich anfühlen wird. Eigenständige Individuen mit einem kleinen Arsenal an Kommunikationsmaschinen und ein wenig Verpflegung, alles passt locker in einen Rucksack. Bestens vernetzt über alle Kommunikationskanäle, up to date über die neuesten Entwicklungen. Fertigkeiten, die man noch nicht hat, werden in kleinen Workshops angeboten: ob Lederschmuck herstellen, Pappmaché-Lampen bauen, Filme machen oder 3-D-Printing – hier im Betahaus wird ständig Wissen geteilt, oft frei oder für einen kleinen Unkostenbeitrag. Sogar ein Rechtsanwalt kommt einmal die Woche zur kostenlosen Beratung vorbei. Durch das Fenster sehe ich auf der Straßenseite gegenüber die Logos von

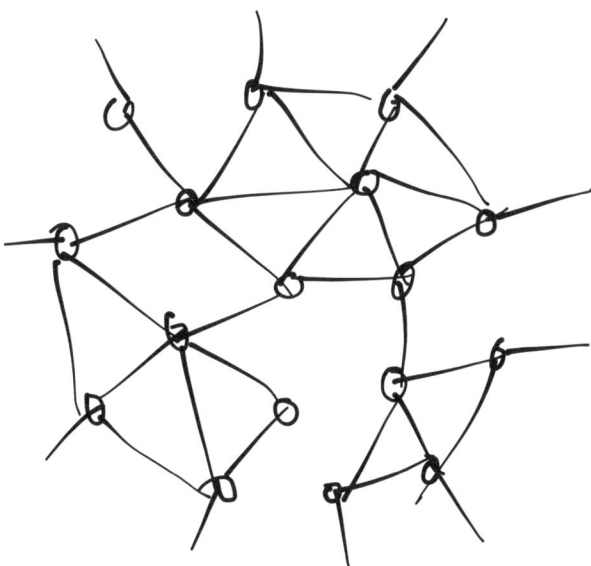

Mercedes-Benz und Opel auf Hausdächern – auch solche Unternehmen mieten sich ab und zu hier ein, um die Luft einer Welt zu schnuppern, die sich ganz und gar von der Welt der klaren Hierarchien unterscheidet, von den Incentive-Modellen, Weiterbildungsmaßnahmen und dem großen organisationalen Rahmen für Hunderttausende von Mitarbeitern.

Diese jungen Menschen, die hier um mich herumsitzen, gerade fertig mit dem Studium oder in den letzten Runden vor Abgabe der Masterarbeit, sie werden keine Lust mehr haben, in Kontexten zu arbeiten, in denen ihnen vorgeschrieben ist, wann sie zu kommen haben und wann sie gehen dürfen. Sie werden sich frei bewegen wollen mit ihrem eigenen Arbeitsgerät, in Netzwerken verknüpft mit unterschiedlichen Communitys, in verschiedenen kulturellen Umgebungen, reisewillig und nicht mehr so sesshaft wie ich, der ich ihr Vater sein könnte, es noch vermittelt bekommen habe.

Arbeiten nach zeitlich, räumlich und inhaltlich fixen Vorgaben ist für vernetzte Wissensarbeiter der Anachronismus schlechthin. Routine, Gleichlauf und bürokratische Strukturen halten die nötigen Neuerungen auf und blockieren kreative, schnelle Prozesse.

Das neue Tempo des Arbeitens

Es gibt bereits große Unternehmen, die alternative Arbeitsformen ausprobieren. So hat die Deutsche Telekom ihren Startup-Inkubator »hub:raum« vor ein paar Jahren nicht in der Firmenzentrale in Bonn, sondern im Betahaus in Berlin gestartet. Peter Borchers, der hub:raum-Gründer, hatte am Anfang ein paar Schreibtische angemietet, und schon war ein direkter Draht in eine hochspannende Gründerszene für den Großkonzern vorhanden. Auf der anderen Seite wird für manchen dieser Gründer der Großkonzern am Nachbartisch plötzlich zum nahbaren Partner, dessen Technologie-Know-how, Vertriebs- und Marketing-Power durchaus nützlich sein kann für den eigenen Schritt in den Markt. Der hub:raum ist inzwischen dem Betahaus entwachsen und selbst zu einem Coworking-Hub geworden, in dem eine Reihe von Start-ups an innovativen Produkt- und Service-Ideen arbeitet.

Die Zeit im Betahaus war für Peter Borchers eine Zeit des Experimentierens und Ausprobierens auch mit verschiedenen Arbeitsmodi. Vieles von dem, was die Atmosphäre im Betahaus prägt, ist nun auch in den hub:räumen zu spüren. Auch hier landet man als Besucher nicht an einem Empfangscounter, sondern erst einmal in der Cafeteria, in der man sofort ins Gespräch kommen kann. Und für die Vernetzung der Start-ups untereinander und für Informationsveranstaltungen und Präsentationen gibt es einen Lounge-Bereich, der auch von Externen als Veranstaltungsort gebucht werden kann. In dem riesigen alten Telekom-Backsteingebäude im Berliner Stadtteil Schöneberg wirkt diese neuartige Arbeitsumgebung noch wie ein Fremdkörper. Aber immer mehr Telekom-Manager im strengen Business-Outfit kommen auf einen Kaffee zur Innenhofterrasse und lassen sich die neuesten App-Ideen zeigen. Durch den Eingang nebenan kommt man zu einem anderen Bereich der Telekom, der sich ebenfalls überhaupt nicht mehr wie ein Großkonzern anfühlt, sondern eher wie ein Experimentierlabor mit Spielarealen. Wir sind hier im sogenannten »Creation Center« der Telekom, einem Design-Thinking-Labor, eingerichtet vor acht Jahren als Trainings- und Entwicklungslabor mit dem Fokus auf Nutzerrecherche, Kollaboration, Teamarbeit und prototypisches Entwickeln von neuartigen Service-Angeboten.

Auch das deutsche Softwareunternehmen SAP hatte an seinem Sitz in Palo Alto im Silicon Valley einen Coworking-Space eingerichtet, ein Einfamilienhaus, das zum Büro für ein Dutzend Mitarbeiter umgebaut wurde. Wie in einem kleinen Start-up traf man sich hier in kleinen Teams, arbeitete konzentriert und unter hohem Zeitdruck an der Entwicklung neuartiger Apps für Tablets und Smartphones. »AppHaus« nannte man dieses neuartige Arbeitsareal, zum einen, weil es hier vorrangig um die Entwicklung von neuen Apps gehen sollte, und zum anderen als Erinnerung an das historische Bauhaus, in dem in den 1920er Jahren Künstler verschiedenster Bereiche zusammengearbeitet hatten. Von einem 70 000-Mann-Unternehmen war hier gar nichts mehr zu spüren, nur die Essensversorgung lief nicht über den Pizzabäcker um die Ecke, sondern über den Lunch-Service der Firma. Das Ganze sollte an die Garagenfirmen-Kultur erinnern, aus der heraus im Silicon Valley schon eine Vielzahl großartiger Firmen entstanden ist, von Hewlett-Packard in den 1970er Jahren über Apple und Google bis hin zu Airbnb oder Uber.

Aber das AppHaus war nicht als verspielter Gag gedacht, sondern als ernsthafter Versuch, die Start-up-Kultur wieder erlebbar zu machen in einem weltweit aktiven Konzern. Auch in der Softwarebranche schleicht sich mit der Zeit Routine ein, die dem schnellen Wandel eher hinderlich ist. Über 40 Jahre gewachsene bürokratische Prozesse hatten zu Entwicklungszyklen geführt, die mit denen junger Start-ups nicht mehr mithalten konnten. Um hier aufzuholen, sah man keine andere Chance, als quasi wieder von vorne anzufangen. Und dieses Experiment hat sich bewährt. Das Einfamilienhaus steht nun leer, aber die dort gelebte Kultur hat Einzug gehalten in die Büroetagen bei SAP, ganze Häuser wurden etagenweise komplett umgebaut, die klassischen »Cubicles« verschwanden, und nun fühlt man sich beim Gang durch die Etagen eher wie in einem farbenfrohen offenen Arbeitslabor, in dem alle Wände zu Weißwandtafeln umfunktioniert wurden, überall bunte Post-it-Notes kleben und sich Zeichnungen und Visualisierungen komplexer Zusammenhänge finden. Gruppen stehen in Besprechungsbereichen vor großen Screens und diskutieren mit Kollegen am anderen Ende der Welt. Mittlerweile gibt es Varianten dieser AppHäuser auch an anderen Standorten der SAP in Europa und Asien, jeweils mit einer eigenen, an den jeweiligen kulturellen Gegebenheiten orientierten Ausprägung.

An diesen Orten wird eine neue Geschwindigkeit praktiziert, Projekte dauern nicht mehr drei Jahre, sondern drei Monate, und die visuelle Arbeit an den großen Weißwandtafeln im Hightech-Ambiente überbrückt Sprachbarrieren und erleichtert das Verständnis komplexer Zusammenhänge. Ein stetiger Wechsel von hochkonzentrierter Einzelarbeit, Teamsessions an Gruppenarbeitstischen, Präsentationen von Zwischenergebnissen und Entspannung bei Chai Latte auf roten Ledersofas macht hier jeden Tag zu einem neuen Erlebnis. Ab und zu gibt es Besuch vom Technologievorstand, der die lockere Atmosphäre schätzt.

Wie im Kloster: Alles wird geteilt

Eine ähnliche Form vernetzten Arbeitens lässt sich bei einem Start-up in Berlin-Kreuzberg beobachten. Die »Dark Horse Innovation«, eine Beratungsagentur, die mit Design Thinking Innovation in Unternehmen bringt, hat sich seit dem Start im Jahr 2008 ein sehr eigenes Modell gegeben, für das sie bereits mit dem Kultur- und Kreativpiloten des Bundeswirtschaftsministeriums ausgezeichnet wurde. Schon das Gründerteam von 30 (!) jungen Männern und Frauen war außergewöhnlich groß. Unter normalen Umständen würde man einer solchen Konstellation nicht länger als ein halbes Jahr bis zum völligen Zerwürfnis geben. Nicht so bei den dunklen Pferden. Sie haben sich auf eine Arbeitszeit von nicht mehr als vier Tagen in der Woche verständigt. Eine Hierarchie gibt es nicht, man arbeitet nach dem Prinzip einer Klostergemeinschaft: Alles wird geteilt.

Die Mitglieder des harten Kerns, die versuchen, ihren kompletten Lebensunterhalt mit der Arbeit bei Dark Horse zu verdienen, nennen sich »Mönche«, und die anderen, die weniger arbeiten wollen beziehungsweise noch anderen Verpflichtungen nachgehen, sind die »Pilger«. Den auf Jahre gewählten »Abt« sucht man vergebens. »Die Geschäftführung lassen wir periodisch wandern«, meint Jasper, einer der »Mönche«, der die Abt-Rolle auch schon gespielt hat.

Entscheidungen werden nach dem soziokratischen Modell immer von allen getragen. Widerspruch ist zulässig, allerdings muss auch ein praktizierbarer Gegenvorschlag unterbreitet werden. Das Großraumbüro in einer Fabriketage in einem dieser wundervollen Berliner Hinterhöfe ähnelt eher einer großen WG, es gibt sogar eine Art Hochbett. Feste Arbeitsplätze gibt es dagegen nicht, jeder sucht sich seinen Platz mit seinem Notebook und kocht sich den Kaffee selbst.

Einmal die Woche kommt eine Köchin und bekocht das ganze Team und die Gäste. Wovon lebt diese Netzkommune? Es sind kleine Innovationsprojekte in der ganzen Bundesrepublik, Beratungen und innovative Entwicklungen für soziale Unternehmen und Mitarbeiter-Workshops rund um die sogenannte Generation Y, zu denen die Mönche und Pilger gerufen werden. Es sind aber auch große Unternehmen wie DHL, die gerne ein paar Stunden in dieser anregenden Umgebung verbringen und um Rat fragen. »Innovativ sein ist eine Frage der Einstellung«, erklären die Innovationsmacher und bieten Einführung und Beratung in Design Thinking an. Es ist immer ein Lernprozess auch in Sachen Arbeitskultur, den die Unternehmen hier neben der inhaltlichen Arbeit en passant mitnehmen.

Wozu Bürotürme?

Wie sieht vernetztes Arbeiten in einem Großkonzern in der Zukunft aus? Einzelarbeitsplätze, Schreibtisch, Stuhl, Computer, Telefon – all das, was heute noch einen Großteil der Unternehmen prägt, ist im Grunde ein Auslaufmodell und wird immer weniger wichtig. Computer haben wir in der faltbaren Variante beziehungsweise als Glasplatte mittlerweile immer dabei und sind bei Akkulaufzeiten von acht Stunden und mehr noch nicht einmal auf eine Steckdose angewiesen. Das Telefon braucht auch schon seit Jahren kein Kabel mehr und steckt in jeder Hosen- beziehungsweise Handtasche. Der Tisch im Restaurant dient als Schreibtisch, und drahtloses Internet wird vielerorts als Service kostenlos angeboten. Warum also noch Bürotürme bauen, in denen Menschen wie die Hühner in Käfigen einer neben dem anderen vor sich hin arbeiten? Was wir vielmehr brauchen in den nächsten Jahren sind Orte, an denen man sich zur aktiven Teamarbeit treffen kann, weniger im Stil der bekannten Besprechungsräume, vielmehr Räume im Sinne eines AppHauses, Hightech-Klöster wie bei Dark Horse, Experimentierlabore, in denen die Teamarbeit im Mittelpunkt steht und nicht die Einzelarbeit. Orte, die den Austausch fördern, ausgestattet mit Mobiliar, das Teamarbeit unterstützt und Meetings effizient macht.

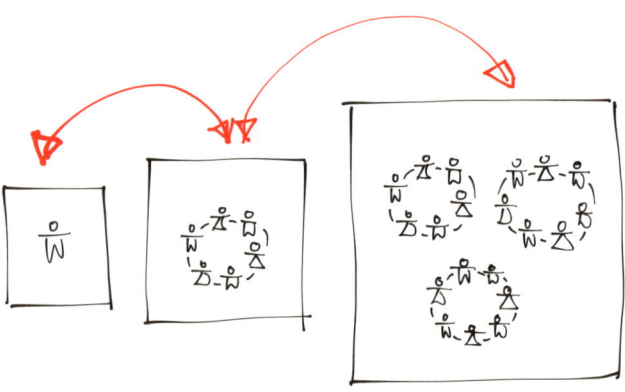

Arbeit wird zunehmend als gemeinsamer Prozess gesehen werden, der im Team, aber auch individuell vorangetrieben wird. Der konstruktive Austausch hält dabei nicht auf, sondern befördert die Qualität der Arbeit.

Unternehmen müssen das Zusammenarbeiten lernen

Die Arbeit einzelner Menschen wird sich immer mehr loslösen von einem festen Arbeitsplatz, sie findet überall statt, auf dem Weg durch die Stadt, zu Hause, im Café und in speziellen Coworking Spaces wie dem Betahaus. Orte, an denen ich mir, auch kurzzeitig, eine ruhige Ecke suchen kann und die nötige Infrastruktur wie WLAN, Drucker und Whiteboard vorfinde. Ein solcher Coworking Space erlaubt dann auch das Zusammentreffen des gesamten Teams zu Arbeitssessions. Aber dazu sollte es auch im Unternehmen Bereiche geben, die einen vertrauensvollen und ungestörten Austausch ermöglichen.

Die Zusammenarbeit in und von Teams muss in den meisten Unternehmen überhaupt erst entwickelt werden, sowohl im Hinblick auf die dazu nötigen Räume und unterstützenden Tools als auch auf die Art der Zusammenarbeit selbst. Es geht darum, neue Rhythmen zu definieren, wann individuell oder im Team gearbeitet wird, Vereinbarungen zu Arbeitstreffen, die es bisher so gar nicht gegeben hat, und Sharing Sessions zu etablieren oder auch Veranstaltungen von Projektteams, in denen diese sich gegenseitig über den Stand der Dinge unterrichten und mit kritischem, aber konstruktivem Feedback weiterhelfen. Zur Not lässt sich all das auch in einem Konferenzraum durchführen, sehr viel besser ist allerdings ein speziell mit Präsentationstechnik ausgestatteter Share Space – manchmal tut es tatsächlich auch eine Cafeteria, wie zum Beispiel die, in der Larry Page und Sergey Brin sich jeden Donnerstag mit ihren Mitarbeitern treffen.

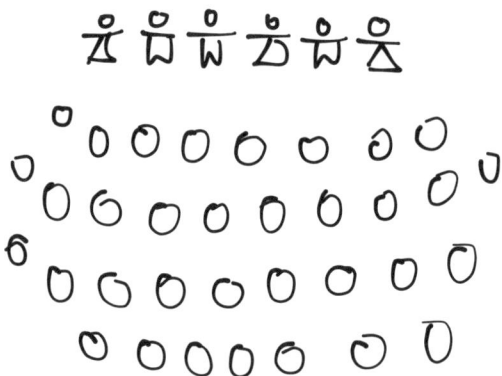

Wenn Sie sich dies für Ihren eigenen Arbeitsalltag vorstellen, werden Ihnen vielleicht Zweifel kommen bei den hohen Leistungserwartungen, die an Sie gestellt werden, dem hohen Zeitdruck, dem Sie ausgesetzt sind. Sie werden sich fragen, welchen Sinn es machen sollte, sich über Ihren aktuellen Arbeitsstand mit anderen im Unternehmen auszutauschen. Versuchen Sie es einmal, verabreden Sie sich mit Kollegen zu einem schnellen Austausch, es reichen manchmal drei Minuten. Oder motivieren Sie Ihre Mitarbeiter, diese Art des Austausches regelmäßig zu pflegen.

Sie werden nach kurzer Zeit feststellen, wie hilfreich es ist, eine knappe Rückkopplung zur eigenen Arbeit zu bekommen, eine schnelle Bestätigung oder auch einen Hinweis, Aspekte einzubeziehen, die man bisher noch gar nicht bedacht hatte. Die Qualität Ihrer Arbeit verbessert sich, und ganz nebenbei fühlen Sie sich auch mit Ihrem Workload nicht so allein gelassen. So macht Arbeit auch mehr Spaß.

Bonusmodelle auf dem Prüfstand

Um diese Kultur des Teilens und Austauschens auf Augenhöhe in Unternehmen einziehen zu lassen, ist ein grundsätzlicher Wandel der Bewertungs- und Belohnungsmodelle vonnöten. Die derzeitige Praxis setzt darauf, dass die Arbeitsmotivation eines jeden Mitarbeiters umso höher ist, je mehr man sie oder ihn einzeln für die Leistung und Zielerreichung belohnt. Incentivierungsmodelle großer Unternehmen sind entsprechend aufgeschlüsselt und enthalten verschiedene Komponenten. Immer setzen sie auf die Bewertung und das In-Relation-Setzen zu anderen Mitarbeitern durch einen Vorgesetzten. In der Regel versucht der Vorgesetzte, die Leistung des Einzelnen bezogen auf einen bestimmten Zeitraum zu bewerten und das Erreichen gemeinsam definierter Ziele zu messen. Der größte Anteil der Bonuszahlung generiert sich aus dieser Bewertung, der weitaus kleinere Teil, wenn überhaupt, ergibt sich aus dem Gesamtergebnis des Unternehmens oder der Abteilung. Daraus ergibt sich dann ein Wert, der zu einer deutlich spürbaren Gehaltserhöhung führen kann, meist 15 bis 20 Prozent. In Kauf genommen wird dabei, dass die klare Fokussierung auf die Einzelleistung in vielen Fällen dazu führt, dass die Arbeitshaltung eher unkollegial und damit die Arbeitsqualität nicht unbedingt gefördert wird. Es wird eine eher kompetitive als kollaborative Grundhaltung erzeugt, die immer in erster Linie den eigenen Vorteil im Auge hat und erst danach die Interessen der Abteilung beziehungsweise des gesamten Unternehmens.

In einer immer komplexeren und stärker vernetzten Arbeitswelt, die zunehmend auf vernetztes kollegiales Arbeiten angewiesen ist, werden derartige Belohnungsmodelle zusehends hinderlich. Was im Brockhaus-Zeitalter noch zielführend gewesen sein mag, ist im vernetzten Zeitalter grundfalsch. Das bemerken mittlerweile auch große, traditionsreiche Unternehmen, die sich daranmachen, ihre Unternehmenskultur fit für das 21. Jahrhundert zu machen.

Die Generation »Befehl und Gehorsam« denkt radikal neu

Mitten in diesem Prozess ist ein deutsches Familienunternehmen, das für seine qualitativ hochwertigen Produkte auf der ganzen Welt große Anerkennung genießt: das Stuttgarter Unternehmen Bosch. 1886 gegründet, zählt es heute mit knapp 300 000 Mitarbeitern an 260 Standorten in 50 Ländern und einem Jahresumsatz von rund 50 Milliarden Euro zu den größten Unternehmen in Deutschland. Zehn Geschäftsführer verantworten 18 Geschäftsbereiche, darunter BSH Hausgeräte, Car Multimedia, Thermotechnology, Packaging Technology und Power Tools. Einige der Bereiche zählen weltweit zu den größten Anbietern, Bosch Power Tools ist Weltmarktführer in Sachen Elektrowerkzeuge.

Bereits 2011 rief CEO Volkmar Denner, der Bosch konsequent auf die vernetzte Welt ausrichtet, den Bereich User Experience ins Leben, der heute von Geschäftsführungsmitglied Uwe Raschke verantwortet wird. Der 57-jährige Familienvater, der vor über 30 Jahren als Trainee bei Bosch begonnen hat, ist seit 2008 Geschäftsführer von Bosch und verantwortet unter anderem den Unternehmensbereich Konsumgüter, zu dem Elektrowerkzeuge und Haushaltsgeräte gehören.

Zusammen mit seinen Leitungskollegen betreibt er seit einigen Jahren einen Erneuerungsprozess, wie er in großen Unternehmen nur selten anzutreffen ist. Es geht hier nicht nur um den forcierten globalen Wettbewerb, dem nur mit stetiger Produktinnovation und starken Investitionen in Forschung und Entwicklung begegnet werden kann. Hier wird auch sehr intensiv über Führungskultur, organisationalen Wandel und nachhaltige Vernetzung gesprochen. »Ich komme noch aus der Generation Befehl und Gehorsam«, sagt mir Uwe Raschke in einem Gespräch während eines Führungskräfte-Workshops, »aber wie kommen wir von dieser eher militärischen Organisationsform hin zu einer, die der neuen, vernetzten Welt entspricht, aber trotzdem noch große Organisationen führen lässt?« Wie es um den Raum für Abweichler im Unternehmen bestellt ist, diskutieren wir, wie mit Richtlinienkompetenz in Zukunft umgegangen werden soll und wie Freiwilligkeit die Arbeit stärker prägen kann. »Vieles, was wir, die Generation Befehl und Gehorsam, noch akzeptiert haben«, meint Raschke, »wird von den jungen Generationen weder gewollt noch akzeptiert. Wir brauchen eine andere Qualität von starken Führungskräften mit strategischer Kompetenz, Ausbildungskompetenz und Lust am Coaching, die aber auch viel besser loslassen können, als wir das gelernt haben.«

Bosch Powertools hat über viele Jahre eine der höchsten Innovationsraten im Konzern. Das förmliche Sie und die Anrede Herr/Frau hört man seit langem nicht mehr, Krawatten sind seit vielen Jahren passé, wie auch der Rest von Bosch seit einiger Zeit die Krawattenpflicht abgeschafft hat.

Aber noch etwas anderes wurde in Angriff genommen, das wahrscheinlich noch viel stärker den Kulturwandel bei Bosch hin zu einer vernetzten Denk- und Arbeitskultur bewegen wird: das Bonusmodell. Ab dem 1. Januar 2016 führt Bosch ein neues Bonusmodell ein und verzichtet bei Führungskräften künftig auf die Incentivierung individuell vereinbarter Ziele. Stattdessen erhalten die Führungskräfte einen Bonus, der den weltweiten Erfolg der Bosch-Gruppe und den Erfolg der Einheit, in der sie arbeiten, gleichermaßen berücksichtigt.

Damit ist Bosch das erste große Unternehmen in Deutschland, das sich radikal abwendet von der individualisierten Wettbewerbskultur hin zu einer mehr auf intrinsische Motivation setzenden Kultur der Zusammenarbeit.

Co-Creation oder Wie mache ich den Kunden zum Helfer

Der nächste Schritt, den Unternehmen nun gehen, ist der Schritt in sogenannte Co-Creation oder Co-Development-Prozesse mit ihren Kunden. Der Veränderungsdruck, der mit einer wachsenden Vernetzung und stetiger Digitalisierung von Arbeitsprozessen weiter anwachsen wird, ist so stark, dass Unternehmen gar nicht mehr die Zeit haben, Produkte und Services alleine zu entwickeln. Sie sind auf die möglichst frühzeitige Einbindung des Kunden beziehungsweise Endnutzers angewiesen, um hier schneller zu größerer Kundennähe zu kommen und sinnvolle Produkte oder Dienstleistungen auf den Markt bringen zu können.

Besuchen wir wieder den Softwarekonzern SAP, der mit einer neuen Technologie, einer sogenannten InMemory-Datenbank namens HANA, 2013 auf den Markt gegangen ist. Diese neue Technologie erlaubt es dem Unternehmen, alle unternehmensrelevanten Kennzahlen nicht mehr auf Festplatten im Unternehmen verteilt zu speichern, sondern direkt im Hauptspeicher eines Zentralrechners und damit Abfrageprozesse um den Faktor 1000 beziehungsweise 10 000 schneller zu machen als bisher gewohnt. Hasso Plattner selbst hatte die kühne Idee zu diesem Schritt, und gemeinsam mit Doktoranden am HPI hatte er begonnen, anhand von realen Testdatensätzen aus Unternehmen die neue Datenbank-Technologie zu entwickeln. HANA stand damals noch als Abkürzung für »Hasso's New Architecture«, anfangs von vielen Experten argwöhnisch bis skeptisch beäugt. Ich hatte selbst vor einigen Jahren, als diese Technologie noch im Entwicklungsstadium war, die Gelegenheit, einen Workshop mit Hasso Plattner und Vorständen und CEOs diverser Unternehmen zu begleiten. Der Vorstandsvorsitzende der Deutschen Bahn war auch mit in der Runde und wurde befragt, wie der Arbeitsalltag, insbesondere Entscheidungsprozesse im Vorstand, eines solch riesigen Unternehmens aussieht. Dann wurde diskutiert, wie sich die Arbeitsweisen und Entscheidungsprozesse in Zukunft verändern würden, wenn alles Relevante in Echtzeit abfragbar wäre. Es war erstaunlich zu sehen, wie schwer es den Unternehmenslenkern fiel, sich vorzustellen, wie Prozesse, die ansonsten mehrere Tage, Wochen oder gar Monate zur Aufbereitung benötigen, nun innerhalb von Sekunden ablaufen können und damit Entscheidungsgrundlagen viel schneller zur Verfügung stehen als bisher.

2009, als wir den Workshop durchgeführt haben, klangen derartige Geschwindigkeitsoptimierungen auch für mich noch nach Zukunftsmusik der kommenden zehn Jahre. Doch schon vier Jahre nach dem Workshop war aus der Forschungsarbeit am Institut ein vollwertiges Produkt geworden mit hohen Zuwachsraten, der Paradigmenwechsel in der Business-Welt war eingeläutet. HANA wurde zum Produktnamen und steht nun für »High Performance Analytic Appliance« und wurde zur neuen Technologiegrundlage von SAP. Der Geschwindigkeitszuwachs ist so signifikant, dass selbst Mitarbeiter des Softwareunternehmens ihre Probleme haben, den Denkschritt zu vollziehen. Es fällt jedem Experten schwer, sich vorzustellen, wie Arbeitsprozesse, bei denen man bisher gewohnt war, mehrere Wochen auf Auswertungen warten zu müssen, nun innerhalb von Sekunden erledigt werden. Noch schwerer fällt es, sich vorzustellen, wie die so beschleunigten Prozesse wiederum andere Prozesse beeinflussen, Entscheidungsprozesse beschleunigen, Sitzungstermine durcheinanderbringen, ganze Arbeitsplätze überflüssig machen beziehungsweise neue fordern. Diese Art von hochkomplexen Abläufen überfordert unsere Vorstellungskraft, und wir müssen uns visueller Hilfsmittel bedienen, die es uns leicht machen, Analogien zu bilden und uns gedanklich an die neuen Konstellationen heranzutasten.

Die Zeit der kasernierten Arbeitsplätze ist vorbei. Dennoch ist unsere Arbeitswelt immer noch stark geprägt von der Einstellung, dass Arbeit jederzeit kontrollierbar sein muss. Wer weiterhin diese Haltung pflegt, wird wohl auf die guten und die besten Arbeitskräfte verzichten müssen. Die nämlich bevorzugen heute Flexibilität und Mobilität in jeder Hinsicht. Vorausgesetzt, die nötige Infrastruktur wie WLAN, Drucker und Whiteboard ist vorhanden, lässt sich die meiste Arbeit heutzutage nämlich an nahezu jedem beliebigen Ort erledigen.

08 / Spiel, Fantasie und Sieg

WARUM LEICHTIGKEIT DIE BESTEN IDEEN ERMÖGLICHT

Das Google-Auto war kein Geheimprojekt, und doch war die Überraschung groß in Deutschland, als Mitte 2014 der erste Prototyp der Öffentlichkeit auf dem Google-Campus vorgeführt wurde. Wie konnte es sein, dass ein Unternehmen wie Google, bisher einsortiert bei »S« wie Suchmaschine, sich nun bei »A« wie Automobil hineindrängelt? Man spürte förmlich den Schmerz und die Irritation bei deutschen Ingenieuren und Autodesignern, die dieser unprätentiöse, wenngleich extrem öffentlichkeitswirksame Auftritt ausgelöst hat.

Nach außen blieben die Reaktionen der deutschen Autobauer betont cool – Dieter Zetsche, Vorstandsvorsitzender der Daimler AG, betonte in einem *Spiegel*-Interview die Kooperation, die man mit Google habe, und verwies bei der Frage, ob Google eine Bedrohung für die deutsche Autobranche sei, auf die jahrzehntelange Erfahrung und globale Präsenz der deutschen Automobilindustrie, der ein Start-up aus dem Silicon Valley so schnell nicht gefährlich werden könne. Dieses *Spiegel*-Interview erinnerte mich fatal an die Worte des Brockhaus-Sprechers 2008, als er zur Bedrohung durch Wikipedia befragt wurde. Auch hier der Verweis auf die lange Geschichte, Qualität und Marktpräsenz.

Hinter den Kulissen der deutschen Autowelt sah es deutlich anders aus. In den Chef- und Entwicklungsetagen rumorte es gewaltig. Schnell wurde in Deutschland publik, dass schon seit langem an ähnlichen Konzepten gearbeitet wurde und man technologisch auch schon einige Schritte weitergekommen sei. Dennoch: Unübersehbar war die Beunruhigung, die Google ausgelöst hatte, ein Unternehmen immerhin, das in den Jahren seines Bestehens nicht gerade durch eine bedächtige Entwicklung aufgefallen war. Google war ein ernst zu nehmender Mitbewerber, nun plötzlich auch für die Autoindustrie.

Auch wenn nicht alles, was der Konzern aus dem kalifornischen Mountain View anfasst, auf Anhieb erfolgreich ist, siehe Google Glass, man schreckt dort vor großen Herausforderungen nicht zurück, sondern probiert aus, was sich als vielversprechend ausnimmt. Und es ist gerade diese Moonshot-Mentalität, dieses grenzenlose Vertrauen in die grundsätzliche Lösbarkeit nahezu aller Probleme, die dieses Unternehmen so gefährlich macht – gefährlich gerade für traditionsreiche Branchen.

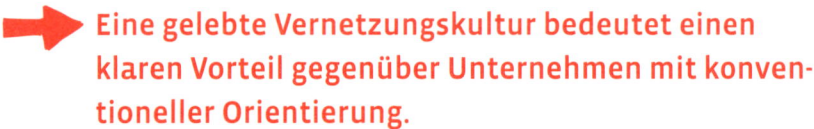

Eine gelebte Vernetzungskultur bedeutet einen klaren Vorteil gegenüber Unternehmen mit konventioneller Orientierung.

1998 von Sergey Brin und Larry Page gegründet, beschäftigt die Firma Google heute weltweit weit mehr als 50 000 Mitarbeiter bei einem Umsatz von 66 Milliarden US-Dollar (2014). Die Anzahl der Suchanfragen, die Google pro Jahr erreichen, hat die gigantische Zahl von zwei Billionen überschritten. Google ist, nahezu konkurrenzlos, zum unverzichtbaren Suchinstrument im digitalen Zeitalter geworden. Aber Google ist mittlerweile mit der ausgeprägten Vernetzungs-kultur auch zum Role Model nicht nur vieler Startups, sondern auch großer Konzerne geworden.

Reich und vor allem einflussreich

Allerdings gilt Google auch als die »Datenkrake«, das Netzmonster, das sämtliche relevanten Daten seiner Nutzer aus dem Internet saugt. Sei es der Gesundheitszustand oder nur die banale Tatsache, dass man sich ein Paar Turnschuhe kaufen möchte – Google weiß alles, will alles wissen und garniert die Suchanfragen mit entsprechender Werbung. Das hat die Gründer reich und den Konzern vor allem ein-flussreich gemacht. Weil Google weiß, was Menschen suchen, kann Google auch gleich herstellen, was gesucht wird. Eigentlich sehr na-heliegend.

Wozu noch Branchengrenzen?

Jede noch so leise Ankündigung aus Mountain View versetzt heute klassische Industriebranchen – Energie, Medizin oder eben die Auto-industrie – in mehr oder weniger große Aufregung. Daher ist es ver-ständlich, dass sich viele auf Google eingeschossen haben. Die Firma neige zu Großmachtallüren, außerdem sei vor allem dieses Unterneh-men für Fehlentwicklungen im Internet verantwortlich, nicht zuletzt auch deshalb, weil es in den Augen der Kritiker Handlanger der US-Geheimdienste sei. Und wenn es nun beginne, auch noch Autos zu bauen, was aus vielen Gründen folgerichtig und konsequent ist, wird das als Aggressivität ausgelegt. Schließlich: Was hat ein Suchmaschi-

nenbetreiber plötzlich auf dem Hoheitsgebiet der Autoindustrie verloren? Nichts! – sagt die Autoindustrie.

Ein Unternehmen wie Google haben Branchengrenzen, Fragen der
exakten Verortung allerdings noch nie interessiert. Folgerichtig wurde im Sommer 2015 die Holding »Alphabet« gegründet. Brin und
Page sind nun nicht mehr nur unter »S« wie Suchmaschine zu veror-
ten, sondern haben kurzerhand alle Buchstaben des Alphabets zum
eigenen Territorium erklärt. Schon jetzt findet sich mit Ausnahme
von »J« für jeden Buchstaben ein Google-Unternehmen, angefangen von A, B, C wie Google Analytics, Books und Chrome über E
wie Google Earth, P wie Google Play hin zu X, Y, Z wie Google X,
YouTube und Zeitgeist. Was auf den ersten Blick so aussehen könnte,
als würde Google den Schritt zurück ins Brockhaus-Zeitalter machen,
eröffnet dem Konzern im Gegenteil neue Möglichkeiten der Kooperation – insbesondere nach außen. Auch wenn die einzelnen Marken
nun eine neue Eigenständigkeit bekommen, setzen die Gründer weiterhin auf die Innovationskraft, die durch die Verbindung starker
Einheiten freigesetzt wird.

**Aus den Schnittstellen heraus entsteht Veränderung
und Entwicklung. Spezialisierung und Separierung
kosten demgegenüber zu viel Zeit und erbringen
dafür längst nicht mehr die besten Ergebnisse.**

Sergey Brin und Larry Page, beide Absolventen der Stanford Univer-
sity und beide ehemals Doktoranden bei Terry Winograd, einem der
Initiatoren der Stanford d.school, sind in einem multidisziplinären
Denkkosmos groß geworden. In einer Umgebung der offenen Türen
zwischen den Fachbereichen, vernetzten Laboratorien, Brownbag-
Sessions mit Experten aus aller Welt und inmitten von Unternehmen,

die den rapiden Wandel durch immer neue Hardware und Software betrieben und beschleunigten. In einer Welt, in der längst erkannt war, dass die wirklich spannenden Neuerungen nicht mehr innerhalb einzelner Disziplinen und Fachbereiche entstehen, sondern an den Schnittstellen, dort, wo sich Menschen ganz unterschiedlicher Interessen und Kompetenzen begegnen und austauschen.

Das kann auch in einer Garage mit einem Tisch, ein paar Stühlen und einem Schrank voller Bastelmaterial sein. So war es für die beiden auch völlig normal, die ersten Ideen komplexer Serverstrukturen nicht nur aufzuschreiben, sondern sofort mit Legosteinen nachzubauen, um besser darüber nachdenken und reden zu können, kleine Modelle wie aus dem Kindergarten, die heute hinter Glas auf dem Stanford-Campus zu besichtigen sind.

Wir wollen kein normales Unternehmen sein

Aber schauen wir doch einmal hinein, wie arbeitet ein Unternehmen, das das Brockhaus-Denken nie gekannt und von Anfang an auf Vernetzung gesetzt hat? Meine Aufenthalte im Silicon Valley versuche ich immer zu verbinden mit einem Besuch bei Google, dabei interessiert mich gar nicht so sehr, was Google gerade inhaltlich Neues macht, sondern vielmehr, *wie* bei Google gearbeitet wird. Bereits bei meinem ersten Besuch vor Jahren sah ich, dass hier vieles vollkommen anders läuft als in anderen Unternehmen und Organisationen, die ich kenne. Für mich ist Google mittlerweile eines der besten Beispiele für den Erfolg einer konsequent auf Vernetzung setzenden Unternehmenskultur.

Vernetzung heißt Öffnung. Momentan gewinnt man die besten Mitarbeiter durch das Angebot von offenen Arbeitsstrukturen.

Schon das Firmengelände mit seiner Campus-Struktur erinnert mehr an eine Hochschule als an ein Großunternehmen. Es gibt kein zentrales Einfahrtstor, aus allen möglichen Richtungen kann man sich auf das zentrale Empfangsgebäude zubewegen. Hier kommt man allerdings ohne einen persönlichen Kontakt ins Unternehmen nicht weiter. Hat man den, gibt man die nötigen Kontaktdaten an einem Terminal ein und wartet, bis der Gastgeber erscheint. Dann bekommt man für die Dauer des Besuchs ein Namensschild, und weiter geht es entweder mit einem der vielen Google-Fahrräder quer über den Campus oder zu Fuß direkt in die Arbeitsräume. Frederik Pferdt, der mich heute abholt, ist bei Google für Innovationstraining und Design Thinking zuständig. Er trägt Google Glass, entschuldigt sich aber gleich für die Datenbrille auf der Nase, er sei einer der wenigen Tester auf dem Campus und wenn mich das störe, solle ich es bitte sagen, er sammle gerade Feedback.

Frederik Pferdt, ein Deutscher, der seit einigen Jahren schon bei Google arbeitet, erzählt mir auf dem Weg zu seinem Arbeitsbereich von dem aufwendigen Bewerbungsprozess, den er durchlaufen hat. Nicht die Personalabteilung entscheidet hier über die Stellenbesetzung, sondern der Bereich, an dem die Stelle angesiedelt sein soll, kümmert sich darum, die richtigen Bewerber zu finden. Nach der Online-Bewerbung mit einem sehr kurzen Lebenslauf kann es dann schon mal vier Monate und 13 Interviews dauern, bis der oder die Richtige gefunden ist. Aber Google ist es mit dieser dezentralen Selbstorganisation der Besetzung offenbar gelungen, nicht nur hochqualifizierte, sondern auch extrem gut kooperierende Mitarbeiter zu rekrutieren.

Auf dem Weg durch verschiedene Gebäude kommen wir auch in ein Gebäudeareal, durch den die Newbies, die »Noogler« durchgeschleust werden, um mit der Philosophie des Hauses vertraut gemacht zu werden. Hier lernt man zum Beispiel, dass ein defekter Rechner kein Grund ist, sich in der Arbeit unterbrechen zu lassen. Es stehen Technikteams dezentral bereit, die keine andere Aufgabe haben, als jeden entstandenen Defekt an einem Arbeitsgerät sofort zu reparieren oder für einen Ersatz des Gerätes zu sorgen, damit es zu keinen unnötigen Verzögerungen und unnötigem Stress kommt. Und ist zum Beispiel ein Netzteil oder ein Adapter für eines der vielen täglich genutzten Geräte abhandengekommen, geht man an ein offenes Regal mit allen möglichen Kabeln, Verbindungssteckern, Ladegeräten oder Computermäusen und nimmt sich, was man braucht. Keine Liste zum Abhaken, keine Überwachungskamera. Hier wird auf Vertrauen gesetzt.

Vertrauen spielt hier überhaupt eine große Rolle. Frederik Pferdt schaut auf seinem iPhone in den Google-Kalender und erzählt nebenbei, dass jeder einzelne Mitarbeiterkalender einsehbar ist. Und er schiebt gleich noch eine überzeugende Begründung hinterher. Wenn er eine Verabredung mit einem Vertreter eines anderen Unternehmens, sagen wir Siemens, habe, dann könne er sich durch eine Suchanfrage im Kalender einen Überblick verschaffen, wer wann in letzter Zeit ebenfalls mit Siemens zu tun hatte oder demnächst zu tun haben wird, und, auch das habe er als Noogler gelernt, gegebenenfalls mit dem Betreffenden direkt Kontakt aufnehmen, egal welche der ohnehin flachen Hierarchiestufen er damit ansprechen müsse.

Transparenz im Kalender wird im Zeitalter der Digitalisierung zu einer Quelle der Vernetzung. Die meisten anderen Unternehmen, denen ich tagtäglich begegne, verhalten sich allerdings trotz digitaler Kalender immer noch so, als verwalteten sie ihre Termine auf Papier und als seien die hochsensiblen Einträge nach innen wie nach außen als strengstes Geheimnis zu hüten. Bei Google sieht man das anders. Relevante Informationen zu teilen und weiterzugeben hat hier einen essenziellen Stellenwert und wird nicht nur digital, sondern auch im täglichen Miteinander ganz selbstverständlich praktiziert. Dazu leisten auch die zahlreich vorhandenen, sehr einladenden Coffee Corners mit ihren italienischen Espressomaschinen ihren Beitrag. Dort lockt nicht nur bester Kaffeegenuss, sondern es finden sich auch immer wieder Gelegenheiten, mit anderen Mitarbeitern zwanglos ins Gespräch und dadurch zu neuen Kontakten zu kommen, eine Art des Austauschs, der in einer auf Lean durchkämmten Organisation gar nicht vorgesehen ist. Das Gleiche gilt für die Fruchtsaftbar, in der die knallbunten Obst- und Gemüsekombinationen frisch zubereitet angeboten werden. Auch hier kann es immer wieder zu kurzen Gesprächen und darüber zu Kontakten kommen – mit Wirkung auch über den Moment hinaus.

Und nebenbei spielt auch die Gesundheit der Mitarbeiter hier sichtbar eine Rolle. Nicht nur in den auch andernorts mittlerweile üblichen Fitnessräumen. Auch während der Mittagspause, zu der man sich in einem der von Sterneköchen geführten Restaurants zum mexikanischen, chinesischen, mediterranen, japanischen oder auch amerikanischen Essen verabreden und kostenlos satt essen kann. Alkoholisches und ungesunde Softdrinks zum Essen sind mit einem roten Punkt markiert und liegen ganz unten im Getränkeregal, die gesunden Varianten sind ganz oben, leicht zu erreichen. Wir sind heute beim Japaner und greifen oben ins Getränkeregal. Wir wählen aus dem reichhaltigen Sushi-Angebot aus, was uns gefällt, und suchen uns einen der wenigen freien Tische. Frederik Pferdt berichtet weiter über die spezielle Arbeitskultur bei Google. Das anschließende »Learning on the Loo« kann ebenfalls überaus aufschlussreich und auch unterhaltsam sein. Die kleinen Notizen, aktuellen Informationen, die in der Toilette aushängen, helfen, selbst die dort verbrachte Zeit noch kreativ zu nutzen.

Hierarchie und informell schnell zustande kommende Arbeitsergebnisse stehen in einem umgekehrt proportionalen Verhältnis zueinander.

Höhepunkt der Woche ist, wie Frederik Pferdt berichtet, der Donnerstagnachmittag. Dann werden in der zentralen großen Cafeteria die Stühle für die TGIF-Runde mit Sergey und Larry enger zusammengestellt. Der »Thank God it's Friday«-Termin, bei dem es auch schon einmal Bier oder Wein zu trinken gibt, fand früher tatsächlich am Freitag statt, wurde dann aber auf den Donnerstag verschoben, um Mitarbeiter in anderen Zeitzonen über Videokonferenz besser einbinden zu können. Die beiden Gründer lassen es sich nicht nehmen, jede Woche mit ihren Mitarbeitern in größerer Runde persönlich zusammenzutreffen, jeder Googler, der Zeit und Lust hat, kann hier dabei sein und sich zu Wort melden. Man stelle sich vor: Die Vorstände eines großen deutschen Unternehmens nähmen sich einmal die Woche Zeit, sich mit Hunderten ihrer Mitarbeiter zusammenzusetzen und auszutauschen. Das klingt irgendwie verdächtig nach Ineffizienz, schwer vorstellbar also, dass ein Vorstandsstab bei uns sich auf solch eine Veranstaltung einlassen könnte. Dabei erweisen sich gerade solche »offenen« Runden häufig als Impulsgeber für dann effizient wirkende Ergebnisse.

 **Sobald Firmen wie Google einmal zu den »normalen« Unternehmen zählen, hat sich die Kultur der Vernetzung weitgehend etabliert.**

Frederik Pferdt führt mich zum Schluss unseres Rundgangs zum Ergebnis seines Zwanzig-Prozent-Projektes, das Prototyping Lab, die »Google Garage«. Hier läuft gerade eine Gruppe von Googlern, das Geo-Team, mit einem übergroßen Hightech-Rucksack durch die Gegend. Getestet wird eine tragbare Version der sonst auf Autos montierten 360-Grad-Kamera, mit der für Google Streetview Aufnahmen gemacht werden. Die tragbare Version soll im Gebirge zum Einsatz kommen. Es wird gelacht und gegrölt, die ganze Truppe läuft durch ein großes Garagentor nach draußen und probiert dort weiter. Die Halle, groß wie ein halbes Fußballfeld, ist vollgepackt mit Werkbänken, Drehbänken, Arbeitstischen, 3-D-Druckern, Laser-Cuttern, Sägen, Bohrern und allerlei anderem Werkzeug, um alle möglichen Materialien zu bearbeiten. Frederik Pferdt hat in den 20 Prozent Arbeitszeit, die ihm jede Woche vom Unternehmen für die Umsetzung eigener Ideen geschenkt werden, die Vision dieser Garage entwickelt, eine Werkstatt, in der sich Mitarbeiter, die an der Umsetzung ihrer Zwanzig-Prozent-Projekte arbeiten wollen, austoben können. Hier fliegen dann auch schon mal Holz- oder Eisenspäne, und es werden Prototypen entwickelt und getestet, die den Arbeitsplatz, die Gesundheit, die Zusammenarbeit oder die Kinderbetreuung verbessern. Und in den 20 Prozent werden permanent die Arbeitsbedingungen weiter optimiert, ohne dass das »von oben« organisiert werden müsste. So kann man mittlerweile während der Arbeitszeit sein defektes Auto von einem Werkstattservice abholen und reparieren lassen, und einmal in der Woche kommt sogar der Haircut-Truck auf den Campus.

Google will kein normales Unternehmen sein. Mit diesem Vorsatz sind die beiden Gründer 1998 angetreten. Und sie arbeiten ständig daran, dass es so bleibt: kein normales Unternehmen. Es wird kein Geheimnis daraus gemacht, wie Google arbeitet. Im Gegenteil, die Firmenkultur setzt auch nach außen auf Kollaboration und eine positive, nach vorn gewandte Grundhaltung. Genau das hat sie erfolgreich gemacht. Heute wären viele »normale« Unternehmen froh, sie hätten die Struktur von Google. Denn »normal« heißt heute vor allem: unbeweglich, kaum kreativ, erstarrt in Hierarchiestufen und Organisationsstrukturen nach dem Brockhaus-Modell.

Was suchen Menschen?

Aber was genau macht Google eigentlich? Von Anfang an ging es darum, Ergebnisse zu Suchanfragen – auch millionenfache – den Nutzern nicht nur in Sekundenbruchteilen, sondern außerdem geordnet zu präsentieren, und zwar nach dem Kriterium der Relevanz. Und relevant ist im Netz, was von vielen gesucht und besucht wird. Einen Algorithmus, der den sogenannten PageRank-Wert ermittelt, haben Larry Page und Sergey Brin Ende der 1990er Jahre als Studenten entwickelt. Wie und ob man damit Geld verdienen kann, wussten die beiden damals nicht, berichtet Terry Winograd, Stanford-Professor und Mitinitiator der d.schools. »Wir sind einfach begeistert von der Geschwindigkeit unseres Algorithmus!« Das war die Motivation der beiden.

In der Tat war es die Einfachheit und die Geschwindigkeit, die Google von allen anderen Suchmaschinen unterschied und auch mich damals sofort zum Fan machte. Ich erinnere mich noch gut an meine ersten Internet-Suchanfragen mit dieser neuen spartanischen weißen

Seite mit nur einer Zeile in der Mitte. Verglichen mit anderen Systemen dieser Zeit, wie Alta Vista oder Yahoo, wurden die Ergebnisse in Lichtgeschwindigkeit angezeigt. Es war schier unglaublich, dass eine Suche durch Millionen von Websites nur den Bruchteil einer Sekunde dauern sollte.

Aber fast noch wichtiger als die Geschwindigkeit war der Relevanz-Algorithmus, den die beiden entwickelt hatten und der letztendlich die vielfältigen Geschäftspotenziale des Konzerns und die heute nahezu monopolartige Marktpräsenz von Google begründet. Die Effizienz dieses Algorithmus begründete nämlich das Vertrauen der Nutzer in die Brauchbarkeit der Abfrageergebnisse auf der ersten Seite – und machte diese erste Seite damit zu einem unglaublich begehrten Werbeplatz für Unternehmen. Google war dann aber clever genug, diese Werbeplätze nicht nach einem starren System teuer zu verkaufen, sondern darauf zu setzen, dass bei Millionen von Suchanfragen nach unterschiedlichen Begriffen sich diese Plätze nach einem hochflexiblen, ebenfalls an den Nutzerinteressen orientierten Modell millionenfach für kleine Beträge verkaufen lassen.

Der nächste kommerzielle Schritt lag nahe, nämlich die Suchanfragen der einzelnen Nutzer zu einer personalisierten Werbelandschaft auf anderen Websites zusammenzustellen und sich dies von der werbetreibenden Industrie mit kleinen Beträgen honorieren zu lassen. Auf dieser Vernetzung der aggregierten Informationen von Millionen von Menschen basieren die gesamten Geschäftsmodelle des Konzerns. Damit wurde die Suchmaschine zu einem digitalen Seismografen für die Wünsche von Menschen.

Und dieser Seismograf stellt sich als äußerst nützlich heraus. So signalisieren vermehrt auftretende Abfragen nach bestimmten Krankheitssymptomen den Ausbruch einer Grippewelle und lassen sich durch Lokalisierung der Benutzer sogar regional eingrenzen. Informationen, die für die örtlichen Gesundheitsbehörden von hoher Relevanz sind. Oder die Abfragen nach Orten, Reiserouten, Urlaubsoptionen brachten Google schon früh darauf, sich intensiv mit Landkarten zu beschäftigen und die Abfrageergebnisse nicht nur in einer Liste, sondern räumlich verteilt sichtbar zu machen. Und plötzlich gab es einen neuen Mitspieler unter »K« wie Kartenhersteller. Das Ende der gedruckten Landkarte war damit eingeläutet. Ein Hersteller digitaler Landkarten wurde kurzerhand übernommen, und es begann die Arbeit an dem, was wir heute als Google Maps und Google Earth kennen: Weltweit wurden alle verfügbaren Straßendaten gesammelt, mit 360-Grad-Kameras Straßen, Gassen, Boulevards großer Städte aufgenommen, aber auch Schotterpisten, Landstraßen, Alleen von attraktiven Reiserouten. Diese Aufnahmen wurden verknüpft mit dem Kartenmaterial – es entstand Google Street View.

Diversifizierung ergibt sich nahezu »organisch« aus einer von vornherein vernetzten Unternehmensstruktur. In Deutschland immer noch ein Stein des Anstoßes.

Die Frage drängte sich dann förmlich auf: Warum sollen Autos, die mehrmals in der Woche denselben Weg – von zu Hause an den Arbeitsplatz und wieder zurück – gefahren werden, diese Strecke eigentlich nicht auswendig kennen, also automatisiert fahren können? Warum muss man jeden Tag dieselben Lenkbewegungen machen, die das Navigationssystem, das mittlerweile in einer Hosentasche Platz hat, einem abnehmen könnte?

Autos werden Software

Also schickte man sich in Mountain View an, nach »K« wird »Karten-hersteller« in die nächste Domäne vorzudringen: »A« wie »Automo-bilhersteller«. Mit dem Blick auf eine auf inkrementelle Fortschritte setzende tradierte Autoindustrie lag es nahe, auch hier radikal neue Schritte zu gehen. Für ein Unternehmen, das entschlossen auf Ver-netzung setzt, ein konsequenter Schritt, für die deutsche Automobil- und Presselandschaft: ein aggressiver Akt. Noch immer gilt bei uns die sehr deutsche Form der Selbstbeschränkung: »Schuster bleib bei deinen Leisten«. Für die digital vernetzte, in rapidem Wandel begrif-fene Welt gilt das ganz und gar nicht mehr. Unternehmen müssen heute ihre Leisten ständig ausbauen, erneuern und auch verwerfen, sich manchmal sogar selbst in Teilen kannibalisieren, um zu überle-ben. Deshalb der Prototyp eines selbstfahrenden Autos.

Google verfügt natürlich nicht über die jahrzehntelange Erfah-rung in der Automobilproduktion wie BMW, Daimler oder Volkswa-gen, die allesamt in Sachen autonomes Fahren schon sehr viel Ent-wicklungsleistung investiert haben. Man bewegt sich allerdings auch nicht in tief verankerten Denk- und Handlungsmustern, die vieles un-möglich erscheinen lassen. Man ist geprägt von der Moonshot-Hal-tung, für die kein Ansinnen zu groß ist, keine Schranke zu hoch und keine rechtliche Rahmenbedingung unveränderbar. Dazu verfügt Google über brillante Köpfe, auch aus Deutschland, die sich von ge-nau dieser Philosophie angezogen fühlen und ihren Beitrag leisten wollen, das Unmögliche möglich zu machen. Bedenklich für die deut-sche Automobilindustrie ist allerdings, dass die Marktkapitalisierung dieses erst 17 Jahre alten Unternehmens bereits jetzt so hoch ist, dass ein Unternehmen wie Volkswagen mühelos gekauft werden könnte.

Google Glass – ein Prototyp

Google-Ideen und -Projekte werden immer von der Seite des Nutzers, des Konsumenten her gedacht: Wonach suchen die Menschen, was brauchen die Leute wirklich, was hilft ihnen? Und dann wird es gemacht. Statt monatelang zu diskutieren, statt aufwendige Entwicklungsprozesse umfangreich zu planen, machen sich die Google-Mitarbeiter sofort ans Werk, entwickeln Prototypen, etwas, das man in die Hand nehmen kann, etwas zum Ausprobieren wie die Server-Farm von Google, die Brin und Page zunächst aus Legosteinen bauten. Oder wie zum Beispiel die Google-Brille, die Frederik Pferdt bei meinem Besuch trägt und an der er ständig wischt und mit der er auch hin und wieder spricht. Schon kurze Zeit nach dem Test mit Tausenden von Nutzern in aller Welt stellte sich heraus, dass es nur vereinzelte Anwendungsfelder gibt, in denen sich eine solche Brille bewährt, zum Beispiel in der Medizin. Zum Massenprodukt taugt sie (noch) nicht. Deshalb wurde die Entwicklung von Google Glass massiv heruntergefahren.

Jedes Unternehmen wird zum Software-unternehmen

Das ständige Entwickeln von Prototypen ist das eine, was in vielen Unternehmen zu kurz kommt beziehungsweise gar keinen Platz hat. Das andere, noch wichtigere ist, zu begreifen, dass jedes Unternehmen in der digital vernetzten Welt zum Softwareunternehmen wird. Nehmen wir zum Beispiel einen Pharmariesen, zu dessen Offsite-Managementmeeting in der tschechischen Hauptstadt ich zur Keynote eingeladen war. Einer der Manager erzählte mir beim Abendessen von einer Softwareentwicklung, die man schon vor ein paar Jahren an eine externe Softwarefirma vergeben hatte, um Forschungsergebnisse zu klassifizieren und transparenter zu organisieren. Das millionenschwere Projekt hätte schon vor zwei Jahren beendet sein sollen, lief aber bis heute noch nicht. Auch nicht abzusehen, wann es so weit sein könnte.

Leichte Verzweiflung gemischt mit Resignation war im Gesicht des Managers zu lesen. Das sei wohl halt ein grundsätzliches Problem, tröstete er sich. Womit er wohl recht hat. Allerdings liegt das Problem nicht darin begründet, dass die Software vielleicht gar nicht entwickelt werden kann, es liegt vielmehr darin begründet, dass sich ein Großteil der Industrieunternehmen in erster Linie als Branchenunternehmen verstehen und nicht gleichzeitig als Softwareunternehmen. Auf meine Frage, ob man vielleicht schon einmal daran gedacht hätte, die Software im eigenen Hause zu entwickeln, antwortete der Pharmamanager nur: »Nein, wir sind doch ein Pharmaunternehmen, wir haben doch gar keine Expertise in der Softwareentwicklung.« Wir sind bei »P« wie »Pharma« angesiedelt und nicht bei »S« wie »Software«, hätte er auch sagen können.

Warum tun sich etablierte Branchenriesen auch 25 Jahre nach dem Start des WWW so schwer zu begreifen, dass auch sie zu Softwarekonzernen mutieren müssen? Zu Softwarekonzernen, die in einer bestimmten Branche ihr originäres Geschäftsmodell betreiben, aber vielleicht zusätzlich noch viele andere in anderen Branchen. Wäre es für das Pharmaunternehmen nicht viel leichter, gemeinsam mit den Experten und eventuell sogar mit den Kunden inhouse an die Entwicklung der Software zu gehen, mehrere Runden von Prototypen zu entwickeln und dabei Teams aufzubauen aus mehreren hundert, wenn nicht Tausenden von neuen Mitarbeitern, wissend, dass diese Art von Aufgaben in den nächsten Jahren eher zu- als abnehmen wird? Die Mitarbeiter eines Pharmaunternehmens wissen genau, was sie brauchen, und sie wissen es viel besser als ein externer IT-Dienstleister, der sich mühsam in die Thematik einarbeiten muss.

Es ist diese offene Arbeitsweise, der wir uns gerade in Deutschland noch zu sehr verschließen, weil wir die Fachexpertise, die »Zuständigkeiten« und die Hierarchien noch zu sehr pflegen, noch zu stark im Brockhaus-Denken verankert sind. Und weil wir das vernetzte Denken und Handeln noch viel zu wenig trainiert haben.

Nichts wird an die »Fachabteilung« delegiert

Schauen wir noch einmal rein bei Google in Mountain View, schauen wir uns um, beobachten, freuen uns über die Dynamik des spielerisch wirkenden Arbeitens und über das daraus resultierende Klima. Häufig wird das Spielerische und die Rutschbahn in die Kantine mit mangelnder Intensität oder Ernsthaftigkeit verwechselt.

Es ist die kindliche Neugier, die hier erhalten werden soll, die Neugier auf das Neue, der Spaß am Experimentieren und das fröhliche Miteinander-Gestalten, das ständige Gefordertsein der vollen kreativen Leistungsfähigkeit, ohne den Spaß an der Sache zu verlieren. Das ist die Atmosphäre, in der man auf die Idee kommen kann, mit einer 360-Grad-Kamera durch die Straßen zu fahren, Smartphones zu entwickeln, die die Kommunikation unterstützen, oder Roboter, die die Schwerstarbeit übernehmen, oder Kontaktlinsen, die den Blutzuckerspiegel messen, Autos, die selbststeuernd die Passagiere ans Ziel bringen, oder, wie kürzlich, eine Armbanduhr, die nicht nur die Uhrzeit anzeigt, sondern es erlaubt, die persönliche vernetzte Welt vom Handgelenk aus zu steuern. Hier ist die Grenze zwischen

Hardware und Software fließend, hier ist offensichtlich, dass jede Hardware auch Software ist.

Die kindliche Neugierde oder der jugendliche Drang, alles, was man für sich entdeckt, auch sofort auszuprobieren, ist nicht – wie in Deutschland in großen Teilen noch fest geglaubt wird – eine Sache der Kinder oder Jugendlichen. Auch im Erwachsenenalter erwächst Kreativität genau daraus. Und wo ist auf kreative Mitarbeiter heute noch zu verzichten? Kreatives Arbeiten kann jedoch nicht verordnet werden, sondern verlangt emotionale und physische Umgebungen, die sie »beflügeln«, gegen die sie sich nicht erst durchsetzen muss. Spiel, Fantasie und Träume zu nutzen, um die Realität umzuformen, ist für uns Menschen womöglich angemessener, als sie zugunsten einer strengen Rationalität erst einmal »kaltzustellen« und nur bei »Bedarf« abzurufen. Ideen entstehen aus Leichtigkeit, nicht so sehr aus Anstrengung heraus. Sie zu entwickeln setzt auch voraus, dass man zunächst Fehler machen darf. Fehler, Irrtümer, Missgriffe, die im nächsten Schritt dann korrigiert werden. Hier gibt es besonders in Deutschland noch viel zu lernen.

09 / Gegen den Strich gebürstet

WARUM UNSER KOPF LIEBER GEMEINSAM MIT ANDEREN ARBEITET

Wenn es jemand ernst meint mit dem vernetzten Denken, dann ist es Professor Gerald Hüther. Er sitzt auf dem Podium der Hauptstadtrepräsentanz der Allianz-Stiftung und stellt sein neues Buch vor. Seine Bücher, in denen er Potenzialentfaltung und Selbstorganisation und Lernen als einen sozialen – nicht isolierten – Prozess beschreibt, begleiten mich schon einige Jahre und haben sich immer stärker zu einem überzeugenden Erklärungsmodell entwickelt für das, was ich tagtäglich mit Studenten, aber auch in der Arbeit mit Unternehmensvertretern und Organisationen erfahre. Wir sind uns vor Jahren zum ersten Mal auf dem Vision Summit in Berlin begegnet, einem jährlichen Kongress zu sozialer Innovation, und wir haben eine Reihe gemeinsamer Sichtweisen entdeckt, auch wenn es eine Weile gedauert hat, bis er die School of Design Thinking als etwas anderes als ein klassisches Design-Institut erkannt hat.

Hüther ist Neurobiologe und Hirnforscher und hat sich ein Jahr Auszeit genommen, um an seinem Buch zu arbeiten. Unter dem Titel *Etwas mehr Hirn, bitte!* beschreibt er darin, was ihn umtreibt, wie wir mehr aus dem Denkwerkzeug machen können, das uns ein Leben lang begleitet. Unser Gehirn, so der Autor, könne sein Potenzial vor allem in Netzwerken mit anderen entfalten, im Austausch, in der Begegnung mit anderen, in der man sich gegenseitig nicht als Objekt behandelt, sondern als Subjekte miteinander umgeht. Dahinter stehe die einfache Überlegung, dass wir gemeinsam über deutlich mehr Hirn verfügen können als alleine.

Auch das, was Hüther auf dem Podium sagt, ist so etwas wie die neurobiologische Erklärung unserer täglichen Arbeit im Institut. Der Mensch sei kein Einzelwesen und sein Hirn sei dementsprechend ein »soziales Konstrukt«, meint er. Er plädiert für die freie Entfaltung des Einzelnen im Verbund mit anderen. Bisher, so Hüther, sei noch kein praxistaugliches Gesellschaftsmodell gefunden worden, das die freie Entfaltung des Einzelnen im Verbund ermöglicht. Doch der »koevolutive Prozess« sei zweifelsfrei im menschlichen Gehirn angelegt und Voraussetzung zur Entfaltung des Potenzials. Und den gilt es zu nutzen.

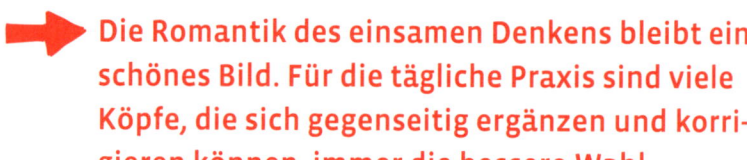

Die Romantik des einsamen Denkens bleibt ein schönes Bild. Für die tägliche Praxis sind viele Köpfe, die sich gegenseitig ergänzen und korrigieren können, immer die bessere Wahl.

Und: Wie viel einer an Hirn beiträgt, das lässt sich wohl auch nicht in Schulnoten festmachen. Auch Gerald Hüther ist kein großer Freund der Einzelbewertungen in der Schule. Zum einen schüren Noten immer den Konkurrenzkampf und die Einzelkämpfermentalität, zum anderen sind sie nicht geeignet, das Potenzial eines Menschen aufzuzeigen. »Spätestens bei der ersten Beförderung in einem Unternehmen spielen die Noten keine Rolle mehr«, sagt Hüther. Bei der Arbeit zeigt sich, was eine oder einer wirklich kann, nicht auf einem Stück Papier. Die Leistungsfähigkeit von Menschen lässt sich nicht einzeln vermessen, die Leistungsfähigkeit zeigt sich am Impact, also an dem, was er tut und wie er es tut – und nicht an Noten. So denken inzwischen wohl auch immer mehr Unternehmen.

Bahn ohne Noten

Auf dem Podium neben Gerald Hüther sitzt Ulrich Weber, Personalvorstand bei der Deutschen Bahn, und sagt: »Das Schulzeugnis hat bei der Bahn nicht mehr die Bedeutung, die es früher hatte.« Früher habe man die Bewerbungen durchgesehen und nach Noten aussortiert. Das habe sich auf die Dauer nicht bewährt. Es sei immer schwieriger geworden, aufgrund der Noten einzuschätzen, ob die Kandidaten auch wirklich zum Unternehmen passten. Die mit den besten Noten hätten nicht unbedingt die höchste Affinität zu einem Unternehmen wie der Bahn. Daher sei für die Bewerberauswahl – bei derzeit 60 000 Bewerbungen auf 4000 freie Stellen – ein verändertes Verfahren entwickelt worden. Entstanden ist ein Online-Bewerberportal, über das sich sowohl für den Jobsuchenden als auch für den Bahn-Konzern die Suche deutlich präzisieren und die Eignung von Bewerbern schneller und exakter ermitteln lässt. Eine Online-Befragung, die alle Stelleninteressenten mitmachen, liefert für die Auswahl erste Anhaltspunkte und eine Orientierung, nach denen dann entschieden wird, wer zu einem Gespräch eingeladen wird. Es kommt bei der Bahn also auf richtige Antworten an, nicht auf richtige Noten.

Was kann es für das deutsche Bildungssystem bedeuten, wenn große Unternehmen Noten bei der Bewerberauswahl außen vor lassen, wenn es für die Besetzung eines Arbeitsplatzes nicht mehr wichtig ist, ob jemand in Sozialkunde 13 bis 15 Punkte hat und in Mathematik 7 oder 9? Wenn eigene unternehmens- beziehungsweise jobspezifische Qualitätskriterien definiert werden, die kein Notenspiegel abbilden kann? Ein Kulturwandel wäre die Folge, der Auswirkungen hätte nicht nur auf die Arbeitswelt, sondern auch hineinreichen würde in die Qualitätsmessungen unserer Bildungseinrichtungen. Das bisherige Bildungssystem käme komplett auf den Prüfstand.

Bewerten wir heute womöglich noch Dinge, die für die Arbeitswelt längst keine Relevanz mehr haben? Ist es in der derzeitigen Arbeitswelt, die auf Kommunikation, Teamarbeit und Vernetzung setzt, noch entscheidend, ob ein Schüler Daten und Fakten zur Französischen Revolution herunterbeten kann? Zumal solche Informationen in Sekundenschnelle auf Wikipedia zu recherchieren sind. Und: Wird in den Schulen nach Lehrplänen und mit Lehrmaterialien gearbeitet, die wirklich zeitgemäß und außerdem zukunftsfähig sind? Was geschieht im heutigen Unterricht, um die Teamarbeit zu stärken?

In Erinnerung bleiben vor allem die Erlebnisse, die mit konkreter Erfahrung verbundenen Eindrücke aus der Schulzeit. Was sagt das über unsere Art des Lernens? Und was über die in der Schule verordnete Methode?

Die ersten Versuche mit dem Füller

Wagen wir einen Blick in die Vergangenheit: Erinnern Sie sich noch an Ihre Schulzeit? An die ersten Tage in der Grundschule, die frohe Erwartung, endlich den Ort betreten zu dürfen, auf den Ihre Eltern Sie lange vorher schon neugierig gemacht haben? Ich selbst war damals der absoluten Überzeugung, einen ganz großen Schritt zu tun, der mir die Welt eröffnet und es mir ermöglicht, irgendwann einen total spannenden Beruf, meinen Traumberuf auszuüben.

Aber welche Eindrücke, welche Bilder sind mir tatsächlich geblieben, was ist geblieben aus dieser Zeit, das ich noch abrufen kann, wenn ich mit geschlossenen Augen einen Schluck Tee genieße? Ich sehe die Federmappe, mit Bleistift, Spitzer, Radiergummi, Buntstiften, dann meinen ersten Füllfederhalter, damals fortschrittlich, schon mit Patronenfüllung.

Es sind Momente vom Frühlingsausflug in den nahe gelegenen Wald, die Wandertage mit Löwenzahnwiesen im strahlenden Sonnenlicht, Schmetterlingen und den Spielen während der Rast. Die erste Nachtwanderung während eines gemeinsamen Zeltlagers, der Geschmack der Erbsensuppe aus der Gulaschkanone und der Donnerbalken, auf dem man unter freiem Himmel höllische Angst hatte, beobachtet zu werden und – abzurutschen. Die ersten Versuche, mit dem Füller Buchstaben in mein liniertes Schreibheft zu schreiben, mit dem Löschblatt zu trocknen und Fehler mit dem Tintenkiller zu korrigieren. Und natürlich auch die Butterbrote für die Pause, von meiner Mutter liebevoll eingepackt in Pergamentpapier, der Sportunterricht in viel zu kurzen Sporthosen und die großen alten Landkarten, die wie Fahnen an einem großen Ständer aufgehängt wurden.

Aber was ist geblieben von den Unterrichtsstunden, die wir penibel in ein Wochenraster eingetragen haben? Noch heute sehe ich meine Bleistifteintragungen vor mir: Deutsch, Rechnen, Erdkunde, Sport, Mathematik, mehrfach über die Woche verteilt. Aber beim besten Willen, es fällt mir schwer, mich an das zu erinnern, was in diesen Stunden tatsächlich passiert ist. Mir fällt das Gesicht der überstrengen Klassenlehrerin Frau Jünger ein. Aber ich kann mich an keine einzige Aufgabe oder Arbeit erinnern, die einen bleibenden Eindruck bei mir hinterlassen hätte.

Konkreter wird es da schon beim Gedanken an die Zeit im Gymnasium. Aber auch hier sind mir Situationen stark in Erinnerung, die mit dem akkuraten Wochenplan und den vier, fünf, manchmal sechs Stunden Unterrichtseinheiten am Tag nicht viel zu tun haben. So zum Beispiel die gesellige und informative Runde in der Privatbibliothek unseres Englisch- und Soziologielehrers Elmar Klein, in der wir Englisch sprechen lernten und philosophisch zu diskutieren, die ersten eigenen Gedanken zu denken und sie in vertrauter Runde zu äußern. Oder die Stunden im Ruderclub auf dem Rhein mit unserem kriegsversehrten strengen, aber umso menschenfreundlicheren Rudertrainer Eitel Bink, dessen kurze Kommandos mir noch immer im Ohr klingen. Oder der in die bewaldeten Täler des Siebengebirges verlegte Biologieunterricht des begnadeten Mathe- und Biolehrers Grüne, der uns Wasserproben des idyllischen Logebachs auf Verunreinigungen untersuchen ließ. Oder unsere Umfrageaktion zum Bau eines nahe gelegenen Kernkraftwerkes, bei der wir eine erschreckende Uninformiertheit der Stadtbewohner feststellen mussten. Oder die morgendliche Busfahrt mit dem Arbeiterbus vom Land in die Stadt, das viel zu frühe Ankommen und die herrlichen Skatrunden, die uns vor dem Unterricht in spielerische Stimmung versetzten. Oder die gemeinsamen Paukrunden zu viert, in denen wir uns ganze Nachmittage lang mit Schulthemen beschäftigt und auf Klassenarbeiten vorbereitet haben. Oder die mit älteren und jüngeren Mitschülern gemeinsam gestaltete Schülerzeitung, die, als ein Schritt in die Schulöffentlichkeit, plötzlich Verantwortung spüren ließ für das, was man tut.

Der Lotussitz auf der Schulbank

Gleich ein Dutzend Begebenheiten fallen mir ein, wenn ich an meine Schulzeit denke, und beim Schreiben kommen neue hinzu, aber es will mir so gut wie nichts einfallen, was in den regulären Unterrichtsstunden passierte, in denen wir Wissen eingetrichtert bekamen, versucht haben, bei 35 Mitschülern in 45 Minuten wenigstens einmal zu Wort zu kommen, und uns in Konkurrenz um die besten Noten gegenseitig vom Abschreiben abgehalten haben. Im Gedächtnis geblieben sind mir all jene Ereignisse, in denen ich selbst aktiv werden konnte, als Person eine Rolle spielte, die ich selbst initiiert hatte. Wie zum Beispiel eine Ausstellung eigener künstlerischer Arbeiten, die ich gemeinsam mit zwei Klassenkameraden im ehrwürdigen Kurhaus in Bad Honnef am Rhein kurz vor dem Abitur organisiert hatte und die in der regionalen Presse dann einen kleinen Skandal auslöste. Diese Wochen der Vorbereitung, die feierliche Eröffnung, die bissigen Kommentare in der Presse und, letzten Endes, der Diebstahl eines der Werke haben sich viel mehr in meinem Gedächtnis gehalten als die letzten Wochen mit Leistungskursen, Wahlpflichtfächern und schriftlichen und mündlichen Prüfungen. Doch dabei kommt mir die Erinnerung an meine Abiturprüfung im Wahlpflichtfach Religion, für die ich mich dank unseres weitsichtigen und weltoffenen Religionslehrers Leo Fratz mit Zen-Buddhismus beschäftigen durfte und bei der Prüfung den Lotussitz auf der Schulbank demonstrierte.

Ihr Tee ist mittlerweile sicher kalt, und auch Sie werden beim Lesen meiner Erinnerungen an ähnliche Begebenheiten aus Ihrer Schulzeit gedacht haben. Vielleicht ist Ihnen die eine oder andere Unterrichtsstunde doch noch präsenter als mir. Aber ich bin mir sicher, dass auch in Ihrem Gedächtnis Dinge eine größere Rolle spielen, die nicht im Unterricht passiert sind. Nehmen wir uns also noch eine Tasse heißen Tee und stellen uns einmal eine Schulzeit vor, die aus lauter Momenten besteht, die tiefe Eindrücke hinterlassen, die Lernen schubhaft und auf vielen Ebenen gleichzeitig ermöglichen und die unser Selbstvertrauen stärken.

Zeichnen wir auf ein Blatt Papier einmal den Stundenplan, wie er den meisten von uns noch im Gedächtnis ist, versuchen wir, die Fächer, die den Stundenplan geprägt haben, dort einzutragen. Ich bin mit etwas Nachdenken auf zehn gekommen. Dann zeichnen wir darunter für jedes Fach einen Punkt, in meinem Fall also zehn, in lockerer Anordnung. Und nun bezeichnen Sie jeden Punkt mit einem Schulfach. Vielleicht nehmen Sie die beiden für Sie wichtigsten Fächer in die Mitte und gruppieren die anderen darum herum. Ich habe die Fächer einfach zufällig verteilt. Nun verbinden Sie benachbarte Punkte mit Linien, und von den äußeren Punkten ziehen Sie Linien nach außen. Nehmen Sie einen Schluck Tee und lassen Sie diese Skizze einmal auf sich wirken. Sie haben zeichnerisch soeben das Schulsystem radikal verändert. Vielleicht ist es Ihnen schon beim Eintragen der Fächer in den Stundenplan so gegangen wie mir: Ich habe mich gewundert, wie ich dieses starre Raster ausgehalten habe von der fünften bis zur zwölften Klasse.

Beim Blick auf die vernetzte Version der Schulfächer sehen Sie sofort Zusammenhänge, die sich geradezu aufdrängen. Wenn Sie jetzt noch verschiedenfarbige Kreise um je drei direkt benachbarte Fächerpunkte ziehen, wird Ihnen schnell klar, welche neuen Lernmöglichkeiten sich hier ableiten lassen. Auf meinem Blatt sind zum Beispiel die Kombinationen Französisch – Deutsch – Geschichte in einem solchen Farbkreis oder Sport – Latein – Biologie, ein dritter zeigt Mathematik – Geschichte – Sozialkunde. Stellen Sie sich vor, was passieren würde, wenn der Französischlehrer gemeinsam mit dem Deutsch-

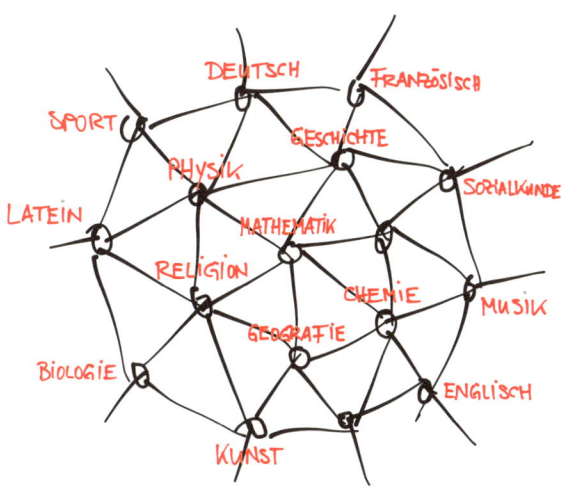

MONTAG	DIENSTAG	MITTWOCH	DONNERSTAG	FREITAG
DEUTSCH	BIOLOGIE	ENGLISCH	GESCHICHTE	CHEMIE
MATHEMATIK	RELIGION	SOZIALKUNDE	DEUTSCH	PHYSIK
CHEMIE	MATHEMATIK	BIOLOGIE	GEOGRAFIE	FRANZÖSISCH
LATEIN	DEUTSCH	PHYSIK	MATHEMATIK	LATEIN
SPORT	MUSIK	KUNST	ENGLISCH	—
SPORT	—	KUNST	MUSIK	—

und Geschichtslehrer und einer Gruppe von Schülern ein vierwö-
chiges Lernprogramm entwickeln würde. Vielleicht stünde der Besuch einer laufenden Ausstellung zu französischer Kunst in der Nach-
barstadt auf dem Plan, der sich vorbereiten ließe unter anderem
durch die Beschäftigung mit der deutsch-französischen Geschichte
im 19. Jahrhundert, wobei ein Teil dieser Vorbereitungen komplett in
französischer Sprache abgehalten werden könnte; und der sich nach-

bereiten ließe, indem die Schüler ihre Erfahrungen und Eindrücke zu dem Projekt in einem kleinen Essay oder Szenenspiel zusammenfassen würden. Kein 45-Minuten-Raster müsste eingehalten werden, halbe und ganze Tage stünden je nach »Aufgabe« zur Verfügung, ältere und jüngere Schüler könnten gemeinsam arbeiten.

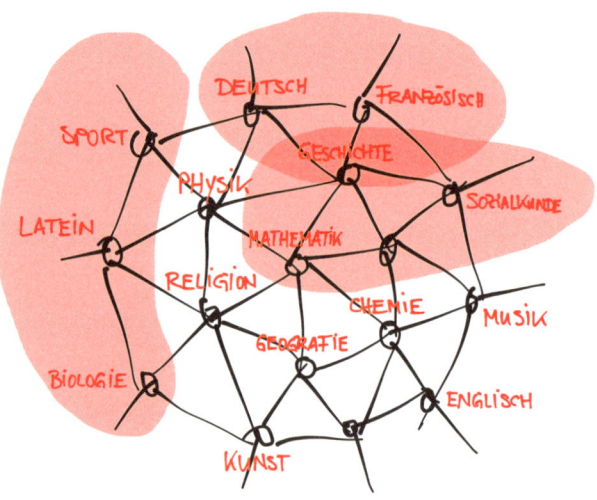

Allein dieses Beispiel zeigt, welche Art von Lernerlebnissen möglich ist, die ähnlich nachhaltige Eindrücke hinterlassen können wie die Ausstellung im Kurhaus Bad Honnef bei mir. Das ist in unserem Schulsystem nicht realisierbar, sagen Sie? Doch, schon jetzt gibt es Modelle in Deutschland, die sehr ähnlich aufgebaut sind. Ein herausragendes Beispiel ist hier die Evangelische Schule Berlin Zentrum.

Der Mensch ist ein soziales Wesen. Das ist keine triviale Aussage: Denn unsere biologischen Grundlagen sind einerseits ausgelegt auf Sozialität, für die Entwicklung unserer individuellen Möglichkeiten und für unser Überleben sind wir auf die Gemeinschaft, den Austausch mit anderen angewiesen. Andererseits haben wir im Laufe unserer Entwicklung diesen Austausch so stark verregelt, dass es für uns und unser weiteres Fortkommen endgültig hinderlich geworden ist. Der Fokus auf Abgrenzung (Fächer, Disziplinen, Abteilungen, Hierarchien etc.) und Einzelleistung (gedanklich und praktisch) wird der heutigen Lebenswelt nicht mehr gerecht. In ihr geht es nicht mehr darum, sich noch mehr zu spezialisieren und abzuheben von anderen Bereichen, sondern darum, Dinge und Menschen zusammenzuführen, unterschiedliche Sichtweisen gleichberechtigt im Team zu erarbeiten und dann gemeinsam Lösungen zu entwickeln. Gemeinsam kommen wir weiter als im Alleingang.

10 / Der Aufstand der Schlauberger

WARUM WIR IM TEAM BESSER LERNEN

Wie bringt man jemanden zum Handeln?

Man kann ihm 150 Euro in die Hand drücken und ihm sagen, er soll versuchen, damit von Berlin aus beispielsweise bis an die Ostsee zu kommen und drei Wochen dort zu bleiben. Ohne EC-Karte, ohne Hotelreservierung, ohne Netz und doppelten Boden. Das macht die Evangelische Schule Berlin Zentrum (ESBZ). Sie schickt ihre Schüler im Rahmen des »Projekts Herausforderung« in Kleingruppen für drei Wochen los – wohlgemerkt als Teil des Unterrichts. In dieser Zeit müssen die Schüler gezwungenermaßen lernen, alleine und ohne Anweisungen oder Ratgeber zurechtzukommen: wo schlafen, woher Geld organisieren, wer hilft weiter? Es sind fundamentale Erfahrungen für die Schülerinnen und Schüler. Erfahrungen, die unter die Haut gehen. Erfahrungen, die weit über das hinausgehen, was an anderen Schulen, an den sogenannten Regelschulen, vermittelt wird.

»Regelschulen fördern eine Sitzkultur, es sind Sitzschulen.« Damit gelingt es nur schwer, Schüler zum Handeln zu bringen oder überhaupt in Bewegung zu setzen. Das sagt Elias Barrasch. Er war Student an der HPI D-School in Potsdam und verantwortet nun an der ESBZ das Design-Thinking-Labor am sogenannten »Education Innovation Lab«. Elias arbeitet in einem großen Raum im dritten Stock des Gebäudes an der Wallstraße in Berlin-Mitte. Das Haus ist dabei, endgültig seinen Ost-Charme abzulegen. Aus dem einstigen Plattenbau ist in den vergangenen Jahren eine moderne Schule geworden – und das nicht nur architektonisch.

Hunderte von Lehrern und Schuldirektoren aus ganz Deutschland kommen und schauen sich Jahr für Jahr die Schule an und lassen sich von der Schulleiterin Margret Rasfeld erklären, wie Schule auch funktionieren kann, wie es gelingt, Schülern nicht nur Stoff zu vermitteln, sondern ihre Potenziale zu entfalten und sie handlungsfähig zu machen. Margret Rasfeld hat sich schon vor Jahren von dem alten Modell Schule verabschiedet. Ende der 1990er Jahre hat sie im Ruhrgebiet als Schulleiterin erste experimentelle Erfahrungen mit einer neuen Lernkultur gemacht und leitet seit 2008 die ESBZ in Berlin mit radikal neuen Ansätzen. Sie macht im Schulbereich das, was wir an der Hochschule machen: Lernen im 21. Jahrhundert konsequent neu denken. Auch dafür hat sie sich Elias geholt, der nun das in der D-School Gelernte mit den Erfordernissen im schulischen Umfeld kreativ verknüpft.

Weg vom isolierten Lernen

Im Raum stehen sechseckige Stehtische. Sie sind aus Holz, wirken ein wenig selbst gezimmert, etwas schmaler als unsere Hexagon-Tische in Potsdam, die wir vor wenigen Jahren entwickelt haben. Aber sie erfüllen denselben Zweck: ein hierarchiefreier Teamarbeitsplatz, an dem man nicht sitzt, sondern steht, in Bewegung bleibt. An diesem Tag, es ist ein sonniger Freitag, hat Elias drei Sechsecktische wie Bienenwaben zusammengeschoben und darauf brandneue Lehrmaterialen ausgebreitet. Die Materialien hat er gemeinsam mit Lehrern und Schülern entwickelt, es sind Lehrmaterialien, die vor allem die Teamarbeit fördern sollen. »Klassische Schulbücher fördern nur das isolierte Lernen«, sagt er. Jeder schaut für sich allein in das Buch, Fragen, Aufgaben und Merkkästen sind nur für den Schüler, der gerade hineinblickt. Lösen muss er alles selbst. Wenn der Schüler Glück hat, bleibt etwas im Kopf hängen, und er kann es später in einer Klassenarbeit wiedergeben. Wenn er sehr viel Glück hat, begleitet ihn das Wissen noch ein Weilchen länger. Alleine und nur für sich lernen – so war es, und so wird es immer bleiben. Es sei denn, man geht einen neuen Weg.

»Wir sehen Lernen als einen sozialen Vorgang«, sagt Margret Rasfeld, die in ihrer Arbeit auch von dem Hirnforscher Gerald Hüther unterstützt wird. Keiner soll alleine lernen. Denn was in einem Team erarbeitet wird, was sich ein Team an Wissen und Fertigkeiten ermöglicht, dass ist ein Fundament für wahres Lernen. Vergleichbar mit der Erfahrung, drei Wochen mit nur 150 Euro in der Tasche an der Ostsee zu verbringen: Wer da gelernt hat, einen Bauern anzusprechen, ob man auf seiner Wiese schlafen oder bei der Ernte helfen kann, der macht Erfahrungen, die ihn wirklich »auf das Leben vorbereiten«, weit mehr und weit intensiver, als wenn nur Vektorrechnungen und Lateinvokabeln gelernt werden.

Wie aber kann man sich Wissen im Team erarbeiten? Elias Barrasch hat dazu eine Reihe von DIN-A5-großen Karten entwickelt, auf denen Aufgaben stehen, die im Team bewältigt werden sollen – und die vor allem eines bei jedem einzelnen Schüler fördern: die Handlungsfähigkeit. Die Karten sind so etwas wie eine Aufforderung, in Bewegung zu bleiben.

> **Wenn es ein Bildungsauftrag ist, junge Leute auf Standarderfüllung zu trimmen, wird er zu 100 Prozent erfüllt. Viel mehr Positives lässt sich dazu jedoch nicht sagen.**

Wissensarbeiter sind nicht anleitbar

Denn: Wie bringt man jemanden zum Handeln? Das fragen sich heute auch Unternehmen und Organisationen. Der klassische Weg: Es gibt eine Chefetage und darunter eine Reihe von Hierarchieebenen, die bestimmen und delegieren, was zu tun ist, und der Mitarbeiter muss es einfach nur ausführen, brav Dienst nach Vorschrift leisten. Dieses Modell läuft immer deutlicher ins Leere. In Zeiten der Digitalisierung werden immer mehr sogenannte Routinejobs von Softwarelösungen übernommen, die sind schneller, genauer und effizienter. Büroklassiker wie beispielsweise Buchhaltung werden heute massiv durch Softwaresysteme unterstützt. Menschen müssen sich heute viel stärker mit ihren ganzen Fähigkeiten und ihrer Persönlichkeit einbringen. Denn bereits heute ist ein Großteil der geleisteten Arbeit Wissensarbeit.

Nach Angaben des Fraunhofer-Instituts für Arbeitswirtschaft und Organisation (IAO) stellen »Wissensarbeiter mit über 40 Prozent die größte Beschäftigtengruppe in Deutschland dar und ihr Anteil steigt«. In den 1960er Jahren war das Verhältnis zwischen Industrie- und Dienstleistungsarbeit in Deutschland noch nahezu ausgeglichen. Im Jahr 2000 stieg die Zahl der Wissens- und Servicearbeit jedoch bereits auf 62 Prozent, und für 2020 erwartet die Initiative Neue Qualität der Arbeit (INQA) einen erneuten Anstieg auf 85 Prozent, während die Arbeit im produzierenden Bereich auf 15 Prozent schrumpft, was nicht zuletzt auf eine zunehmende Automatisierung von Produktionsprozessen zurückzuführen ist. Das heißt: Immer mehr Erwerbstätige sind Wissensarbeiter. Der klassische Maschinenarbeiter stirbt aus. Arbeit ist heute Wissensarbeit. Unternehmen muss es daher gelingen, Wissensarbeiter erstens zu finden und zweitens sinnvoll zu integrieren. Das ist eine Herausforderung für Unternehmen, für jeden Einzelnen – und für die Bildungsinstitute, die junge Menschen auf das Berufsleben vorbereiten.

Der ehemalige Chef des Fraunhofer IAO, Dieter Spath, hatte schon 2009 gesagt: »Charakteristisch für Wissensarbeit ist, dass diese häufig komplex, wenig determiniert und folglich schwer in vorgegebenen Abläufen standardisierbar ist.« Die Wissensarbeit, so Spath, schaffe ständig neues Wissen und baue auf Erfahrungen anderer auf. »Dabei agieren Wissensarbeiter stark autonom und sind somit wenig direkt ›anleitbar‹.« Ein Mitarbeiter führt heute nicht mehr nur einen »Befehl« aus, wie es ein »Maschinenarbeiter« noch tun musste.

Wissensarbeit als maßgebliche Größe im heutigen Arbeitsprozess baut auf Fähigkeiten, die über geübtes Reproduzieren weit hinausgehen. Schule belohnt jedoch unverändert vor allem die einwandfreie Wiedergabe von abgezirkeltem Stoff.

Lösungen entstehen heute und in Zukunft im Team, sie basieren auf interdisziplinärem oder multidisziplinärem Denken und Handeln. Worauf es inzwischen ankommt, ist, Kreativität, Teamfähigkeit und, ganz altmodisch, schöpferische Potenziale freizusetzen. Es kommt nicht darauf an, Wissen aufzusaugen und wiederzugeben. Es kommt darauf an, im Team neues Wissen entstehen zu lassen. Aber Schule, wie sie heute noch funktioniert, wie sie seit Jahrzehnten schon funktioniert, bereitet ihre Abgänger eben genau darauf nicht vor. Sie bereitet die Schüler nach wie vor auf das Maschinenzeitalter vor.

Das ist jedoch schon im letzten Jahrhundert ausgeklungen, abgelöst vom digitalen, global vernetzten Zeitalter.

Das heißt: Ein Mensch muss sich nicht mehr bemühen, etwas zu können, was eine Software besser kann. Ein Mensch muss heute komplexe Zusammenhänge schnell erfassen, analysieren und qualifizierte Entscheidungen treffen. Er muss handlungs- und kooperationsfähig sein. Das macht einen Wissensarbeiter aus. Und das sollte sich auch in der Bildungslandschaft widerspiegeln.

Schüler in Deutschland werden auf vieles vorbereitet – viel zu wenig aber auf die wachsenden Herausforderungen der Wissensarbeit und schon gar nicht auf Handlungsfähigkeit. Ein Schüler an einer deutschen Schule handelt nicht. Er gibt wieder, und das möglichst korrekt. Denn wer nicht richtig wiedergeben kann, was zuvor in ihn reingesteckt wurde, ist kein guter Schüler. Es geht dabei nicht darum, sein tatsächliches Wissen anzuwenden, es geht nicht darum, vermeintliches Wissen in der Realität zu testen – und es geht schon gar nicht darum, neue Lösungen zu schaffen. Wenn überhaupt, soll der Schüler bereits gefundene Lösungen wiederholen. Macht er das gut, bekommt er gute Noten.

»Mein Nachbar ist mein Feind«

Und damit wären wir bei einem zentralen Punkt in der Bildungslandschaft, der Einzelbewertung, die bis heute den Kern der allermeisten
Bildungsprogramme weltweit dominiert und die zunehmend zum
Problem wird. Denn Einzelbewertung, über Jahre erlebt, konditioniert Schüler und Studierende auf einen Konkurrenzmodus. Nicht
Zusammenarbeit und Teilen wird belohnt, sondern das Bessersein
und die Einzelarbeit und Einzelresultate. Beginnen tut das schon in
der ersten Klasse. Unser Sohn Tarik durfte es soeben erleben.

Bereits in der ersten Klasse machen die Kinder die grundsätzliche
Erfahrung: Mein Nachbar ist mein Feind. Ich muss mindestens genauso gut, wenn nicht besser sein als meine Nachbarn. Und ich werde
ständig bewertet, alles, was ich mache, wird mit dem verglichen, was
die anderen tun, und es gibt einen Smiley dafür – oder auch nicht.
Aber warum eigentlich? Warum ist die grundsätzliche Erfahrung in
der Schule nicht: Mein Nachbar ist mein Freund und bester Koopera-
tionspartner?

Weil wir es alle nicht anders erlebt haben! Die Eltern sind in diesem Muster der Einzelbewertung groß geworden, und die Lehrer
sind durch den gleichen Bildungsapparat gelaufen, noch speziell dazu
ausgebildet worden, Einzelleistungen zu bewerten und damit – gewollt oder ungewollt – die Konkurrenz zwischen den Schülern zu
schüren. Übrigens in einem ebenfalls auf Einzelleistung setzenden
Hochschulapparat, der erst langsam erkennt, dass dieses Verfahren
im 21. Jahrhundert nicht mehr sinnvoll ist. Und selbst Lehrer, die
stärker auf Gruppenarbeit setzen und die Zusammenarbeit fördern
wollen, stoßen schnell an Grenzen. Die meisten Lehrmaterialien, Bücher und Unterrichtsmaterialien sind auf den einzeln Lernenden zu-

geschnitten, teamorientiertes Unterrichtsmaterial sucht man meist vergebens. Das ist der Grund, weshalb die Berliner ESBZ nun mit ihrem Education Innovation Lab sich darangemacht hat, ganz neue Unterrichtsmaterialien zu entwickeln, mit denen ganzheitliche und Zusammenarbeit fördernde Erfahrungen gemacht werden können.

➡ Unsere Bildungslandschaft ist der modern geformte Spiegel des 19. Jahrhunderts.

Aber es geht nicht nur um Lernmaterialien, auch die räumlichen Voraussetzungen in Schulklassen sind gewöhnlich alles andere als der Teamarbeit förderlich. Das Mobiliar setzt noch viel zu stark auf die Vereinzelung und erzwingt ungesundes Stillsitzen, statt die kindlich natürliche Agilität aufgreifend aktivitätsunterstützend zu wirken und den Wunsch der allermeisten Kinder, sich mit Gleichaltrigen auf Augenhöhe auszutauschen, zu nutzen.

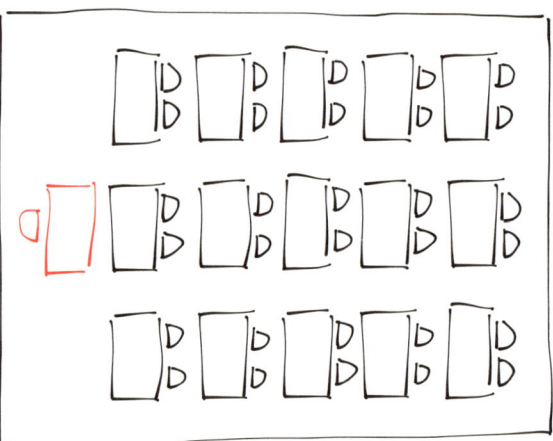

Während sich im traditionellen Klassenzimmer für 30 Schüler die Zusammenarbeit von mehr als zwei Schülern kaum abbilden lässt, wird alleine durch die Gruppierung von vorhandenen Schulbänken eine neue, teamorientierte Sitzkultur geschaffen. Nötig ist jedoch eine größere Flexibilität. Neben den Arbeitstischen braucht es ein Areal, in dem präsentiert und geteilt werden kann. Das gewährt den Schülern Bewegungsfreiheit und einen gelegentlichen Ortswechsel innerhalb des Raumes.

Mit den herkömmlichen Zweiertischen lässt sich das nur mit großem
Platzbedarf schaffen. Anders mit den sechseckigen Stehtischen, an
denen jeweils sechs Schüler zusammen arbeiten können. Mit nur fünf
Tischen lassen sich alle 30 Schüler auf der Hälfte der Fläche platzieren,
die andere Hälfte kann als Plenum genutzt werden. Einfache Sitzwürfel dienen als Sitzgelegenheit, und mit einer Reihe von Whiteboards
lassen sich die Arbeitsareale voneinander separieren. Stehen die Sechsecktische auf Rollen, können die Schüler sich in Windeseile ganz unterschiedliche Konstellationen einrichten.

Das geht jedoch nur mit einem grundsätzlichen Wandel: weg von der Fokussierung auf Einzelleistung hin zu der auf Gruppenleistung, weg vom trennenden Denken hin zu einem verbindenden Denken – dem Network Thinking. Wird dieses alte Muster der Einzelbewertung

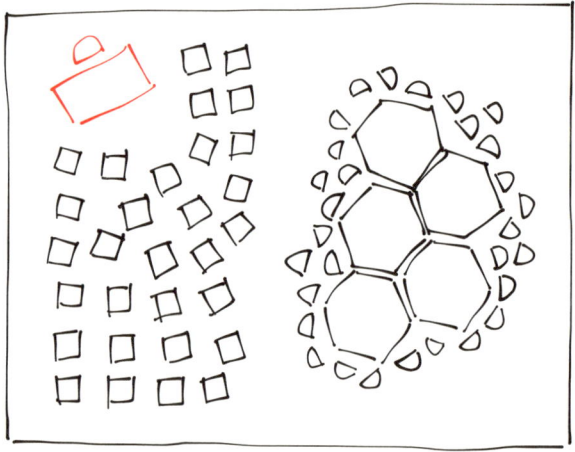

durchbrochen, das zeigen die Erfahrungen im schulischen (ESBZ) wie im hochschulischen Kontext (HPI D-School), dann verändert sich plötzlich die gesamte Grundhaltung, die Motivation aller Beteiligten steigt, die Lernerfahrung ist um ein Vielfaches intensiver, und die Arbeitsergebnisse sind überraschend gut. Eine Erfahrung, die sich nebenbei noch ungemein positiv auf die Persönlichkeitsentwicklung des Einzelnen auswirkt.

Wir müssen uns die Frage stellen, warum wir bis heute immer noch auf die Messung von Einzelleistungen der Lernenden setzen, in der Annahme, damit vermeintlich den Lernerfolg vergleichbar machen und die Motivation steigern zu können. Die Fähigkeit zum vernetzten, assoziativen Denken, die angstfreie Entwicklung von Aktionspotenzialen und die Fähigkeit zur Zusammenarbeit fördern wir damit gewiss nicht. Immer noch hängen wir dem Irrglauben nach, Motivation sei durch Belohnung von Einzelleistungen herstellbar beziehungsweise steigerbar. Für die Lösung einfacher Fragestellungen mag das zutreffend sein, aber damit befassen sich in einer digital vernetzten Welt verstärkt Maschinen, die uns solcherlei Arbeit abnehmen. Kinder und junge Erwachsene mit ganz offensichtlich überholten Lernmustern in eine betont konkurrierende Grundhaltung zu bringen ist fahrlässig, ja sogar verantwortungslos. Wir brauchen einen grundlegenden Wandel im gesamten Bildungssystem, ein radikales Überdenken insbesondere der Bewertungs- und Belohnungsmuster, die noch allesamt einem auslaufenden Brockhaus-Denksystem verpflichtet sind und systematisch Kollaborationsfähigkeit verhindern.

Wir sollten uns von Bewertungen einzelner Individuen und ihren Leistungen komplett verabschieden, das quantitative Erfassen von gelernten Vokabeln, Fehlern im Diktat, erledigten Rechenaufgaben und auswendig gelernten Gedichtzeilen sagt nichts über die Persönlichkeit des Lernenden aus und hilft ihm nicht im Mindesten dabei, seine eigenen Fähigkeiten zu entdecken und zu entwickeln. Dies geschieht in einem gesunden sozialen Kontext, bei gemeinsamer Arbeit in kleinen Gruppen, die sich regelmäßig und auf Augenhöhe miteinander austauschen. Einzelbewertungen sind hier nur hinderlich, sie torpedieren die Qualität der Gruppenarbeit.

Die beste Motivation und Persönlichkeitsstärkung liefert die Erfahrung aus erster Hand – das unmittelbare Erlebnis. Erfahrung aus zweiter Hand ist zwar leicht zu bekommen, verliert sich aber auch genauso leicht wieder.

Und wo bleibt die Motivation, werden Sie vielleicht fragen? Meine Erfahrung der letzten acht Jahre mit Blick auf Hunderte von Studierenden aus allen möglichen Disziplinen zeigt, dass das gemeinsame Arbeiten an einem spannenden Thema völlig ausreicht, eine Arbeitsbegeisterung freizusetzen, die deutlich höher ist als die, die sich durch Einzelbewertung erzeugen lässt. Dieselbe Erfahrung macht auch Margret Rasfeld in der Evangelischen Schule Berlin Zentrum mit ihren Schülern. Das sind zugegeben alles noch kleine Zahlen im Vergleich zu den Hunderttausenden Schülern und Studierenden, die die traditionellen Bildungsstrukturen durchlaufen. Aber es sind tiefgreifende und lebensverändernde Erfahrungen, von denen Schüler wie Studierende berichten, die durchgehend als uneingeschränkt positiv wahrgenommen werden.

In der Evangelischen Schule Berlin Zentrum ist das neue Lernen live zu beobachten. Es fängt damit an, dass es keinen traditionellen Stundenplan gibt. Was an Zeitvorgaben vorhanden ist, ist vorrangig auf eine kollaborative Struktur ausgerichtet. Die Zeitplanung jedes Schülers ist eine sehr individuelle Organisation von Lernen. Es gibt Lernbüros, in denen jeder Schüler in seiner Geschwindigkeit alleine oder gemeinsam mit anderen sich Wissen erarbeitet. Die Rolle des Lehrers ist eher die eines Lernbegleiters, eines Coaches als eines permanenten Vermittlers und Antreibers. Die Fächer sind mehr oder weniger dieselben wie in den Regelschulen, aber der Unterricht ist nicht auf das trennende Denken ausgerichtet, sondern auf das verbindende Denken. Es ist das Denken in Netzwerken von klein an, Network Thinking, das hier trainiert wird. Die Wissenserarbeitung ist in dieser Schule grundsätzlich ein offener Prozess und kein systematisches Abarbeiten von Lehrplänen.

Kontrolle und Normierung stecken den Rahmen für schulisches Lernen ab – ein Reflex auf wessen Unsicherheit ist das? Wer misstraut hier wem?

Alle lernen das Gleiche – warum?

Lernen ist für die ESBZ-Schüler ein sozialer Akt. Eben kein isolierter Akt wie im Frontalunterricht, bei dem jeder irgendwie versucht, sich durchzuboxen, bei dem jeder den anderen als potenziellen Konkurrenten sieht. Wenn kollaborative Arbeit gefördert wird, ist Lernen ein gemeinschaftlicher Prozess, bei dem jeder auch neue Seiten an sich selbst erfahren kann. Und wer sich selbst besser kennenlernt, wer also nicht nur wiederkäut, was ein anderer vorgibt, der wird selbstbewusster und entdeckt bei sich so etwas wie Selbstwirksamkeit. Und er macht eine weitere phänomenale Entdeckung, nämlich die seiner eigenen persönlichen Fähigkeiten. Er entdeckt für und an sich selbst, was und wie viel er wirklich kann.

In der Regelschule dagegen wird ihm nur vor Augen geführt, was er alles nicht kann. Dort herrscht die althergebrachte Defizitkultur. Mach einem Schüler immer klar, dass er nichts weiß. Das ist Grundlage des deutschen Bildungssystems. Für den Aufbau von Selbstbewusstsein ist das wenig förderlich, und für so etwas wie Kreativität und Kollaboration komplett untauglich. Da das aber die Fähigkeiten sind, die Unternehmen heute benötigen, ist diese konventionelle Form der Schulbildung auch volkswirtschaftlich inzwischen höchst riskant. Außerdem geht es in der Regelschule immer noch darum: Alle müssen immer das Gleiche zur gleichen Zeit lernen. Alle sollen im selben Moment auf denselben Stand kommen. Wer den Stoff nicht schafft, hat keine Chance mehr, bleibt hängen, bleibt sitzen, gilt als »schlechter« Schüler. Er wird frühzeitig aussortiert, ohne jemals sein wahres Potenzial gezeigt zu haben. Man muss sich nur den demografischen Wandel vor Augen führen, um zu wissen, dass wir uns in Deutschland diese Form der Abkoppelung nicht mehr leisten können.

Und müssen wir wirklich alle das Gleiche können? Ist es das, was wir brauchen und wollen? Soll und muss Schule das leisten? Alle auf den gleichen Level zu bringen? Die ESBZ hat sich andere Ziele gesetzt. »Jeder hat seine Stärken«, sagt Elias Barrasch, »und jeder hat seine eigene Geschwindigkeit beim Lernen.« Deshalb fördert die Evangelische Schule neben der Gruppenarbeit auch das individualisierte Lernen, vor allem im Hinblick auf Themenschwerpunkte und Tempo des Lernens. Das heißt im konkreten Fall: Wenn der Schüler beispielsweise der Ansicht ist, den Stoff in Mathematik verstanden zu haben, dann kann er einen Test ablegen. Nicht dann, wenn der Lehrer meint, es sei mal wieder Zeit für eine Leistungskontrolle. Noten gibt es erst ab der zehnten Klasse. Bis dahin greift ein System der Leistungsrückmeldung, ein Feedbacksystem. Der Schüler kann mit dem Lehrer erörtern, was er kann, wo er sich noch schwertut, und bespricht mit ihm, was er sich vornehmen sollte.

Zudem führt jeder Schüler ein Logbuch, in das er Lernschritte einträgt oder auch Themen, an denen er arbeitet, in die er sich vertieft hat. Dieses Vorgehen ist – entgegen dem »Abrichtungsapparat«, in dem alle immer das Gleiche können müssen – individuell zugeschnitten und unterstützt dadurch die Entfaltung der eigenen Stärken. Dieser individuelle Zuschnitt des Lernprozesses wirkt nicht nur viel effizienter, er verhindert außerdem den permanenten Vergleich. Der ständige Leistungsvergleich (»Was hast du in Mathe?«) erhält so keine Basis mehr, der Mitschüler wird entsprechend nicht als Konkurrent betrachtet, sondern als »Kollege«, mit dem man im Team etwas produktiv erarbeiten kann, der in das Team seine eigenen Stärken einbringen kann. Kollaboration steht im Vordergrund, nicht Konkurrenz. Es ist der Humus, auf dem Network Thinking gedeiht. Und wer das beherrscht, wird das Ende des Brockhaus-Denkens bestens überstehen. Denn die Schüler haben nicht nur viel Wissen erworben über die Welt, sondern vor allem darüber, was sie selber können, welches ihre Stärken und Schwächen sind. Und sie sind auch in der Lage, sich mit anderen zu vernetzen und produktiv zusammenzuarbeiten, und ganz nebenbei haben sie gelernt, permanent weiterzulernen.

 Die Lust auf lebenslanges Lernen sollte die Schule befördern und Kindern und Jugendlichen auch zu einer »gesunden« Selbsteinschätzung verhelfen. Beides lässt sich am besten im sozialen Kontext in kleinen Gruppen entwickeln, je bunter, desto besser.

Erfahrungen, die unter die Haut gehen

Man spürt es auf jeder Etage, in jedem Raum der Evangelischen Schule, hier soll etwas bewegt werden. Vor allem sollen Schüler bewegt werden, sie sollen sich in der Welt bewegen, geistig und auch praktisch. So gehören zum Beispiel auch ungewöhnliche Begegnungen zum Alltag in der Schule, man trifft Zeitzeugen, wenn es um zeitgeschichtliche Ereignisse geht, oder verbringt einen Tag mit einem blinden Menschen, um zu erleben, wie dieser durchs Leben geht. Dieses Öffnen ermöglicht Erfahrungen, die unter die Haut gehen, und es sind Erfahrungen, die die meisten nicht vergessen werden.

Wenn Lehrer und Rektoren auf der Suche nach Anregungen für ihre eigene Schule durch die ESBZ gehen, können manche es kaum fassen, dass man in dieser produktiv-motivierenden Art mit Kindern umgehen kann. Sie selbst bekommen ein Strahlen in den Augen, und doch fällt es ihnen schwer zu glauben, dass sie Ähnliches umsetzen können. Der Ansatz ist jedoch ganz einfach: An der ESBZ lässt sich jeder Lehrer auf den einzelnen Schüler ein. Das ist an der Regelschule schon aus personellen Gründen kaum möglich. Ein Lehrer dort sieht an einem Schultag 150 bis 200 Schüler, in einer gesamten Schulwoche bis zu 500 – wie soll er da einen Überblick behalten, wie soll er da jedes einzelne Kind, jeden einzelnen Jugendlichen wahrnehmen?

In der Evangelischen Schule stehen je zwei Lehrer für 26 Schüler zur Verfügung, außerdem gibt es Tutoren und ältere Schüler, an die man sich auch wenden kann. Ohnehin gilt in der Schule die feste Regel, die besagt, nicht nur *mit* Schülern, sondern auch *von* Schülern zu lernen. Schüler können von Schülern lernen. Lehrer können von Schülern lernen. Eltern können von Schülern lernen. Ja, inzwischen bietet die ESBZ sogar Workshops an, in denen Manager von Schülern lernen können. Auch das ist eine Methode, die zeigt, wie ernst man Kinder und Jugendliche nehmen kann – und wie wenig ernst Schüler in den Regelschulen genommen werden. Und die Schüler sind es auch selbst, die am eindrucksvollsten von ihren Lern- und Praxiserfahrungen berichten können. Daher wundert es nicht, dass die Weiterbildungskurse für Lehrende, die die ESBZ seit einigen Jahren anbietet, auch von Schülern durchgeführt werden.

Forscher, Detektiv, Analyst, Designer, Ingenieur

Auch in die Lehrmaterialien, die vor Elias auf den Tischen liegen, sind Ideen von Schülern eingeflossen. Sie sind für ein Wasser-Projekt gedacht. Bei der Erarbeitung solcher Projektthemen folgen die Schüler der Vorgehensweise im Design Thinking: 1. Verstehen, 2. Beobachten, 3. Fokussieren, 4. Ideen entwickeln, 5. einen Prototypen bauen, 6. Feedback; als wichtiger 7. Punkt kommt bei ihnen noch hinzu: Feiern. Für die einzelnen Phasen gibt es Methoden, die die Schüler im Rahmen von »Rollen«, also entweder als Forscher oder als Detektiv oder als Analyst oder als Designer oder als Ingenieur anwenden. Aus diesen Funktionen ergeben sich Aufgaben, die in der Gruppe gelöst werden. Diese Methode löst sich komplett von den didaktischen Prinzipien eines Schulbuchs, weil die Schüler hier explizit aufgefordert sind, eigene Wege zum Wissen zu suchen und zu entscheiden, was relevant ist und was nicht. So entsteht neues, vernetztes Wissen. Nicht kontextloses Wissen, wie es in 45-Minuten-Slots im Regelunterricht vermittelt wird, sondern ganzheitliches Wissen, eingebunden in einen größeren Kontext und mit vielerlei Facetten.

Susanne Stövhase hatte die Schule gemeinsam mit Margret Rasfeld aufgebaut. Im ersten Jahr hatten sie genau zwölf Schüler. Und die beiden Frauen wussten nicht, ob ihre Idee einer anderen Schule Erfolg haben würde. Es sprach sich schnell herum, was die Schule besonders macht. Nicht nur die Abkehr von den Einzelbewertungen, auch die Idee, die Schüler im Team zum Handeln zu bringen, überzeugte immer mehr Eltern, so dass sie im zweiten Jahr bereits 70 Anmeldungen hatten. Auch Susanne Stövhase, die zuvor als Künstlerin gearbeitet hat, kennt das Strahlen der Besucher, wenn sie zum Beispiel das Lernbüro sehen oder den wöchentlich stattfindenden Projekttag miterleben. »Viele Lehrer sind mit der Vorstellung in ihren Beruf gestartet, Kinder zu erreichen«, sagt Stövhase. Doch viele scheitern am Alltag der Regelschule. »Wenn diese Lehrer sehen, wie Kinder sich hier selbst motivieren, wie sie eine Beziehung zu den Lehrern aufbauen, wie hier Distanz abgebaut wird und Einzelkämpfertum gar nicht erst aufkommt, dann können sie es fast nicht glauben.«

Ist gemeinsames Lernen (und Arbeiten) erst einmal zum selbstverständlichen Modus geworden, verblasst der Nimbus der Einzelleistung schnell.

WeQ statt IQ

Auch der »Lehrplan«, der neue Fächer wie »Verantwortung« und »Herausforderung« beinhaltet, beeindruckt die Besucher. Dabei verbindet sich damit nur ein konsequenter Schritt. In Zeiten der Digitalisierung ist Wissen rasend schnell abrufbar, es ist auch bei meinen Studierenden immer wieder erstaunlich, wie schnell sie sich in ein Thema hineinzoomen können, selbst in ein Thema, von dem sie vorher nicht den Hauch einer Ahnung hatten. Es ist ihnen sehr genau bewusst, wie sie das Wissen organisieren, das sie brauchen. In dieser Transformationsphase wandelt sich nicht nur das Wissen, es wandelt sich auch etwas viel Fundamentaleres: Es geht weg vom IQ hin zu dem, was Peter Spiegel, Initiator des Vision Summit und sozialer Innovator, als WeQ bezeichnet. In einer Welt, in der sich immer mehr Menschen vernetzen, werden die Wir-Qualitäten, die Wir-Intelligenz, das Miteinander gestärkt. Auch deshalb ist die Evangelische Schule in

176

Berlin-Mitte ein Paradebeispiel. Hier geht es nicht um belächelte Ku-
schelpädagogik, hier wird vorbereitet und eingeführt in das Leben
und Arbeiten von morgen.

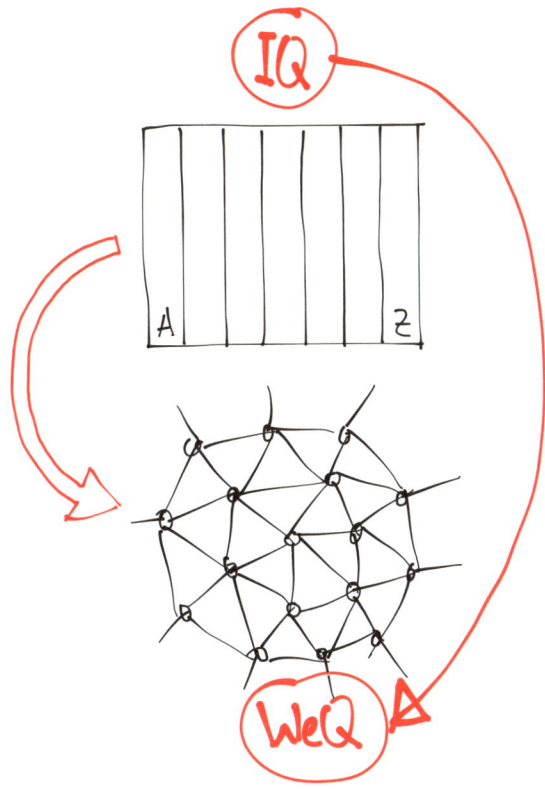

Und die letzten Skeptiker konnten mit dem erzielten Abiturschnitt
überzeugt werden. Auch die Schüler an der ESBZ beteiligen sich am
Berliner Zentralabitur, sie wurden ab der zehnten Klasse darauf vorbereitet wie andere Schüler auch, und lieferten mit 2,0 einen für Berlin überdurchschnittlichen Notenschnitt. Das heißt: Sie haben Erfahrungen fürs Leben gemacht, sind geschult in Teamwork und haben
darüber hinaus kein Problem mit dem Schulstoff der Regelschule.

Die HPI D-School

»Warum kann ich eigentlich diese Erfahrungen nicht in meinem normalen Studiengang machen?«, fragte mich kürzlich eine Studentin.
»Da sind doch auch Menschen miteinander unterwegs.« Meine Antwort: Weil sie dort durchgängig einer Einzelbewertung ausgesetzt ist
und einem Lernkonzept unterliegt, das immer noch darauf aufbaut,
dass Menschen am besten lernen und sich am besten entwickeln,
wenn sie sich mit anderen anhand von Noten vergleichen können.
Und weil auch natürlich die Mehrheit der Lehrenden nur wenig bis
gar keine positiven Teamerfahrungen machen durfte in ihrem Aus-
bildungsleben. Wie oft kommen nach einem Vortrag Menschen zu
mir, die mir entweder von ihren eigenen oder von den Teamerfahrungen ihrer Kinder berichten. In der Überzahl sind es negative Erfahrungen. »Wir haben unsere Masterarbeit zu dritt geschrieben«,
bekomme ich beispielsweise zu hören, »aber nur zwei von den dreien
haben richtig gearbeitet, der Dritte hat dann unsere gute Note mitkas-
siert.« Es ist ein bitterer Beigeschmack, der sich einstellt, etwas, das
sagt: Nie wieder so was!

Ganz anders die Erfahrungen der Studierenden an der HPI
D-School. Schon nach den ersten gemeinsamen Erfahrungen bei der
Bearbeitung von Aufgabenstellungen im Team stellt sich hier eine
neue, positive Grundhaltung zur Zusammenarbeit ein. Da keine Einzelbewertungen vergeben werden und keine Credit Points gesammelt
werden können, steht die gemeinsame Lösung von Fragestellungen
im Vordergrund. Der Wettbewerb findet nicht mehr zwischen den
Teammitgliedern statt, sondern verlagert sich zu einem sportlichen
Wettbewerb zwischen den Teams. Auch die Verantwortung liegt
nicht mehr auf den Schultern Einzelner, sondern wird von allen

Teammitgliedern gleichermaßen getragen. Der Einzelne kann sich damit viel angstfreier einbringen. Plötzlich steht das gemeinsame Ziel im Mittelpunkt, und es geht nicht mehr um den Glanz, den sich der Einzelne durch seinen speziellen Beitrag verschaffen kann.

Das erstaunliche Ergebnis ist, dass die Lösungen, die von den Teams erarbeitet werden, meist alles in den Schatten stellen, was einzelne Teammitglieder zu erreichen in der Lage gewesen wären. Das erstaunt nicht nur die externen Auftraggeber, sondern vor allem die Studenten selber. Zum einen sind sie überrascht über das eigene kreative Ideenpotenzial, und zum anderen begeistert es sie, wie schnell man gemeinsam zu hervorragenden Lösungen kommen kann, wenn man sich nur auf die richtige Arbeitsweise verständigt.

Es entsteht eine neue Art von Selbstbewusstsein, das kreative Selbstbewusstsein, das Vertrauen in die eigene Leistungsfähigkeit wird enorm gestärkt, vor allem jedoch entsteht Vertrauen in die Lösungskompetenz von Teams.

In den Schulen und Hochschulen werden Kinder und junge Erwachsene immer noch auf eine Welt vorbereitet, wie sie längst nicht mehr existiert. Sie werden darauf konditioniert, dass der Einsatz von Ellenbogen das Mittel der Wahl ist, und sie werden jahrelang belohnt dafür. Aber die Gewissheiten von einst gelten nicht mehr, dieses »Tu das, und wenn du es konsequent tust, wirst du Erfolg haben und aufsteigen zum stellvertretenden Abteilungsleiter, dann Abteilungsleiter, dann Bereichsleiter und dann Chef« geht heute nur noch selten auf.

Schule muss sich in Bewegung setzen. Auch die Universitäten. Denn solange unser Bildungssystem in den überkommenen Strukturen verharrt, wird das, was heute in den komplex gewordenen Arbeitsprozessen gefragt ist, das Denken und Arbeiten im Team, eine Hürde bleiben. Kinder und Jugendliche schulisch nach einem Strich zu bürsten – selbst wenn die autoritäre Begleitmusik inzwischen ausgeklungen ist – ergibt heute weniger Sinn denn je. Der Gleichschritt im rein reproduktiven Lernen ist eine Maßgabe aus vergangenen Zeiten und kein Naturgesetz. Kinder können auch anders, vor allem wollen sie anders.

11 / Was ich nicht weiß, macht mich heiß

WARUM DIE BESTEN IDEEN IMMER AUS DEM EIGENEN HAUS KOMMEN

»Kennen Sie unser Unternehmen, kennen Sie Janssen-Cilag?«, hatte mich Marcus Stüttgen, Director New Business, bei unserem ersten Telefongespräch gefragt. Als ich verneinte, sagte er: »Seien Sie froh, dass Sie uns nicht kennen, denn alle, die unsere Medikamente kennen, haben meistens ernsthafte Probleme.« Neben der Alzheimer-Erkrankung zählen auch Schizophrenie und HIV zur Expertise des Unternehmens. Das Unternehmen ist eine Tochter des amerikanischen Care-Konzerns Johnson & Johnson und beschäftigt deutschlandweit 800 Mitarbeiter bei einem Umsatz von knapp unter einer Milliarde Euro. Kein ganz großes Pharmaunternehmen also, aber ein wichtiges – und vor allem ein agiles.

Aber auch ein Unternehmen mit einer großen Tradition – seit vielen Jahren mit bewährten Produkten auf dem Weltmarkt vertreten –, das bekannt dafür ist, viel in Forschung und Entwicklung zu investieren. Heute ist es auf der Suche nach neuen Wegen. Was Unternehmen wie dieses auszeichnet, ist, dass sie sich nicht nur um die Verteidigung der Marktpositionierung ihrer Produkte bemühen, sondern Fragen formulieren wie: Wie können wir das über Jahrzehnte angesammelte Wissen über Krankheiten und Genesungsprozesse noch weiter nutzen – außer für die Produktion von Medikamenten? Wie können wir uns von einem Pharmaunternehmen zu einem Gesundheitsunternehmen entwickeln? Welche Position haben wir im Gesundheitsmarkt des nächsten Jahrzehnts?

Kein Extrasetting, sondern ein offenes Team

Das waren Fragen, mit denen ich bereits im ersten Telefonat konfrontiert wurde. Und das waren die Fragen, zu denen Studierende eingeladen werden sollten. So sitzen meine Kollegin Claudia Nicolai und ich im Foyer der Firmenzentrale in Neuss. Und schon beim Blick auf das Selbstbild, das auf einer großen Tafel im Foyer zu lesen ist, sind wir sicher: Das passt hier. Von Verantwortung ist hier die Rede gegenüber den Menschen, die Produkte und Dienstleistungen des Hauses Janssen-Cilag in Anspruch nehmen, aber auch von Verantwortung gegenüber den Mitarbeitern und gegenüber dem Gemeinwesen. Und nicht zuletzt überzeugt uns der Aufruf, neuen Ideen gegenüber stets aufgeschlossen zu bleiben. Für unsere erste Gesprächsrunde ist ein gemischtes Team zusammengestellt worden. Pharmaexperten, Ärzte und Berater, insgesamt sechs Leute sitzen um den Tisch, und man spürt eine große Offenheit.

Sicher, das Unternehmen ist amerikanisch geprägt, man lehnt nicht gleich ab, was man nicht kennt. Das ist aber auch eine ideale Voraussetzung, um zu lernen, in Netzwerkstrukturen zu denken und neue Wege zu gehen. Es herrscht nicht die Skepsis, die man bei deutschen Firmen überwiegend erlebt, nicht die Vorsicht im Umgang mit

Neuem, nicht der ständige Verweis auf gelebte Tradition, auf das Know-how und Kompetenz.

In Neuss hatten wir von Anfang an ein gutes Gefühl. Das sollte sich bestätigen. Inzwischen, 2015, haben sich bei Janssen-Cilag vernetzte Strukturen innerhalb des Unternehmens herausgebildet, arbeitet die Firma mit einem neuen, vernetzten Lösungskonzept an komplexen Fragestellungen und hat ein branchenübergreifendes Netzwerk aufgebaut, in dem sie mit Technologieherstellern, mit Forschungsinstituten, Start-ups, Softwareherstellern und sogar mit einem Fernsehsender kooperiert.

2011 standen auch wir noch am Beginn mit der School of Design Thinking in Potsdam, waren überzeugt vom Ansatz des vernetzten Denkens und Arbeitens, aber längst noch nicht versiert im Umgang mit Unternehmen. Da war es hilfreich, auf offene Menschen zu treffen.

Es war deutlich wahrnehmbar, dass in diesem Unternehmen die Grenzen zwischen den einzelnen Abteilungen bereits durchlässiger waren, man keine Scheu verspürte, mit unterschiedlichen Gewerken an einem Tisch zu sitzen. Und es war eine regelrechte Lust auf junge, frische, unverbrauchte Ideen zu spüren und eine echte Bereitschaft, diese auch zuzulassen.

Das hatten wir in anderen Unternehmen anders erlebt, und wir erleben es noch anders. Häufig sind Abteilungen noch gefühlte Fürstentümer, die im Umgang untereinander eine Kultur der Konkurrenz pflegen und auch nach innen das Prinzip des »Jeder gegen jeden« hochhalten. Konkurrierendes Verhalten, wie es nach außen gegenüber Mitbewerbern Sinn ergibt, wird auch innerhalb der Organisation zum Leitgedanken und lähmt zunehmend die Innovationskraft der Unternehmen. Da hilft es auch wenig, dass die Mehrzahl der Mitarbeiter privat in sozialen Netzwerken aktiv ist und ihre sozialen

Kontakte pflegt. Im Unternehmen selbst verhindern überkommene Organisations-, Hierarchie- und Belohnungsmodelle das notwendige Miteinander, selbst wenn die Firmenleitung permanent dazu aufruft.

Bei Janssen-Cilag jedoch war der Boden bereitet für etwas, das später unter dem Begriff »Jantrix« ein neues Firmendenken prägen sollte, und die HPI D-School in Potsdam war so etwas wie der Geburtshelfer dazu.

Die Frage war also: Was muss ein Pharmakonzern wie Janssen-Cilag tun, um zu einem Gesundheitskonzern zu werden? Was lässt sich mit dem immensen Fachwissen Hunderter Mitarbeiter mehr anstellen, als Pillen zu produzieren? Könnte man neben den Medikamenten für Ärzte und Patienten eventuell spannende Dienstleistungen anbieten, die zu neuen Geschäftsfeldern führen? Und wenn ja, wie bereitet man den Weg für etwas Neues? 2011 bot das Unternehmen beispielsweise noch keine Serviceleistungen für Patienten an, das wäre ein Ansatz.

Ausgetretene Wege verlassen

Bei einem ersten Treffen mit dem Projektpartner geht es um die Initiierung eines gemeinsamen Reflexionsprozesses. Als Erstes wollen wir uns ein Bild vom Unternehmen machen, begreifen, aus welcher Historie es sich entwickelt hat und wie die gegenwärtige Marktsituation aussieht. Und wir wollen die spezifische Problematik verstehen, die das Unternehmen zu uns treibt. Der zweite Schritt besteht in dem gemeinsamen Versuch, die Fragestellung, die Challenge, zu definieren – die richtige Frage richtig zu stellen. Gewöhnlich ist das ein gar nicht so leichtes Unterfangen, denn das Ziel ist, in einem einzigen Satz eine Problemstellung aus der Sicht des Nutzers zu beschreiben, ohne darin schon eine mögliche Lösung anklingen zu lassen. Zur Entwicklung dieser Fragestellung braucht es häufig mehrere Sitzungen, um die Interessen abzugleichen und den Lösungsraum so offen wie möglich zu halten.

Bei diesem ersten Treffen mit Marcus Stüttgen und dem Team von Janssen-Cilag verständigten wir uns auf das Themenfeld »Krebstherapie« und entwickelten eine erste Version einer Fragestellung. Daraus entstand dann ein Studentenprojekt bei uns am Institut, ein sogenanntes »Zwölf-Wochen-Projekt«.

Die Vorgehensweise ist generell folgende: Wir entwickeln eine Aufgabenstellung, eine Challenge, gemeinsam mit einem Unternehmen oder einer Organisation. Diese Challenge wird dann zum Semesterstart unseren Studenten vorgestellt, neben weiteren sechs bis sieben Challenges von anderen Projektpartnern. Die Projekte werden bei uns im Haus gepitcht, ohne den Namen der Firma zu nennen – die Studierenden wählen jeweils zwei Projekte aus, die sie gerne begleiten würden, und eines, das ihnen gar nicht gefallen würde. Normalerweise erhalten pro Projekt sechs Kandidaten den Zuschlag. Ausschlaggebend bei der Projektverteilung ist Interesse und Engagement, es geht weniger um die Frage der fachlichen Qualifikation. So sind beispielsweise medizinische, pharmazeutische oder chemische Kenntnisse keine Voraussetzung, um ein Projekt für Janssen-Cilag zu meistern.

Unter den Studierenden suchen wir also diejenigen, die am Thema interessiert sind, nicht unbedingt die »Experten«. Auf diese Weise ist eine bunt gemischte Runde für Janssen-Cilag zusammengekommen. Eine komplexe Fragestellung kann am besten in einem komplexen Setting beantwortet werden – mit einem gemischt zusammengesetzten Team: Männer und Frauen in ausgewogenem Verhältnis, möglichst viele verschiedene Disziplinen, unterschiedliche Persönlichkeiten und verschiedene kulturelle Hintergründe. Für das Janssen-Cilag-Projekt haben sich schließlich Hanna: Mediendesign, Mia-Alina: Soziologie, David: Wirtschaft, Lisa: Industriedesign, und Sebastian: Medizin, gemeldet. Es ist und bleibt eine spannende Erfahrung zu erleben, wie schnell Menschen, die mit einer Thematik noch nie oder kaum etwas zu tun hatten, sich mit Einzelheiten vertraut machen können.

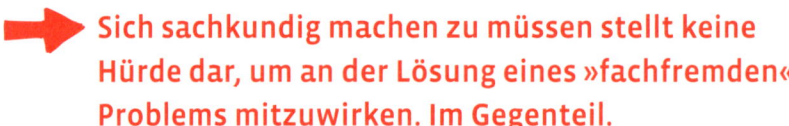 **Sich sachkundig machen zu müssen stellt keine Hürde dar, um an der Lösung eines »fachfremden« Problems mitzuwirken. Im Gegenteil.**

Nicht »noch besser, noch wirkungsvoller«

Man wird natürlich in zwölf Wochen nicht zum Chemiker, aber man kann sich mit Hilfe des Internets sehr schnell das nötige Basiswissen für eine konkrete Themenstellung verschaffen. Man sammelt zunächst allgemeine Informationen, liest sich dann in speziellere Zusammenhänge ein, versucht, sich ein Bild zu machen. Gewiss betrachte ich als Mediendesigner die Fragestellung nicht wie – für diesen Fall – ein Mediziner, ein Chemiker oder ein Pharmakologe. Ich kann mir aber eine ungefähre Kenntnis darüber verschaffen, was ein Medikament leisten muss, und vor allem kann ich lernen, was darüber hinaus wichtig ist – die Anwendung beim Patienten. Im Netz finden sich Erfahrungsberichte zu Krankheiten und Behandlungen, es gibt Online-Foren, in denen sich Betroffene austauschen, Medikamente und Therapien werden diskutiert.

Das Online-Tagebuch eines Krebskranken kann Aufschluss darüber geben, wie ein Patient seinen Alltag bewältigt, wie er mit dem Leiden umgeht, was er benötigt. Wir finden im Netz also vor allem auch die Perspektive der Nutzer, der Kunden, so dass die Thematik automatisch weniger aus dem Blickwinkel eines Experten betrachtet wird, der die Tablette mit einem ergänzenden Wirkstoff »noch besser, noch wirkungsvoller« machen will. Man blickt aus der Perspektive derjenigen, die später das Präparat verschreiben oder selbst einnehmen, in der Hoffnung, dass es hilft.

Doch wichtiger noch als die schnelle Online-Recherche ist der Kontakt mit den Experten des Unternehmens, die die Projektarbeit intensiv begleiten, und natürlich mit den direkt Betroffenen, den Nutzern: in diesem Fall den Ärzten, dem Pflegepersonal und den Patienten. Der direkte Austausch mit den Experten erspart eine endlose Fachlektüre und bietet einen enormen und zugleich gezielten Einblick in den aktuellen Wissensstand. Die intensive Recherche zu den Nutzern, die Begleitung und Beobachtung von Patienten, Ärzten und Pflegepersonal gewährt Einsicht in Gewohnheiten, Verhaltensweisen, Nebenwirkungen und Reaktionen, die häufig zum Trigger werden für Lösungsszenarien, von den Studierendenteams als Prototyp präsentiert. So auch bei diesem Zwölf-Wochen-Projekt. Die Aufgabe war, über das Krebsmedikament hinauszudenken und den Weg des Patienten zu betrachten, von den ersten Symptomen über die ärztliche Diagnose, die Therapie, das familiäre und berufliche Umfeld bis hin zur Nachsorge – eine komplexe Fragestellung also.

Ein Unternehmen wie Janssen-Cilag könnte natürlich jederzeit eine Unternehmensberatung buchen. Die ist zwar teuer, dafür bietet sie Methoden, um Geschäftsbereiche zu optimieren, zu verschlanken und auch marktstrategische Entscheidungen zu empfehlen. Sie vergleicht das Unternehmen mit den Mitbewerbern, sondiert Chancen, und doch geht die Beratung nicht selten am Ziel vorbei. Denn kein Unternehmen ist wie das andere, und kein Netzwerk funktioniert wie das andere. Gegen die strahlende Professionalität von Unternehmensberatern wirken unsere Studierenden wie ein bunt zusammengewürfelter Haufen blutiger Anfänger, die im ersten Moment sicher auch belächelt werden nach dem Motto: »Ach Gottchen, diese Studenten wollen einem Pharmariesen auf die Beine helfen.«

Doch es zeigt sich, dass genau diese Buntheit den Unterschied macht, dass genau darin das Potenzial, die Lösungskraft liegt, einen neuen Weg auszuloten. Und das erreichte überzeugende Ergebnis war dann auch bei Janssen-Cilag der Trigger für weitere Projekte. Im Laufe der zwölf Wochen hatte eine ganze Reihe von Mitarbeitern des Pharmaunternehmens an den Zwischenpräsentationen teilgenommen, und es sprach sich schnell herum, dass hier ein spannender neuer Ansatz ausprobiert wurde, der auch in anderen Bereichen zum Einsatz kommen könnte.

Schon für das kommende Semester wurde ein weiteres Projekt vorbereitet, diesmal ging es um das Problemfeld Diabetes. Ein neues Expertenteam von Janssen-Cilag begleitete ein neues Studierendenteam der D-School bei der Einarbeitung und Lösungsfindung.

 **Mitarbeiter zählen wohl mit zu den besten Unternehmensberatern.**

Aufruf an alle Mitarbeiter

Nachdem schließlich noch ein drittes Projekt in einem dritten Themenfeld erfolgreich durchgeführt worden war, das ebenso wie die beiden vorangegangenen zeigte, wozu eine heterogene, fachlich im Grunde nicht ausgewiesene Gruppe fähig ist, war Janssen-Cilag von der besonderen Qualität des neuen, vernetzten Denkens überzeugt. Es entstand die Idee, auf dem Firmengelände in Neuss eine unternehmenseigene »Janssen d.school« zu starten. Die Vorgehensweise der Potsdamer HPI D-School wurde als positiv, innovationsfördernd und nutzbringend erkannt, und es wurden sofort mögliche Themen für die Janssen d.school diskutiert. Vier große strategische Fragestellungen wurden dann vom Management definiert, darunter: »Wie positioniert sich Janssen-Cilag im Healthcare-Markt 2020?« Insgesamt ging es um Themen, die man bis dahin ganz automatisch an eine spezielle Abteilung oder sogar an eine externe Unternehmensberatung gegeben hätte.

Angeregt von den Erfahrungen mit den studentischen Projekten der HPI D-School wagte man bei Janssen-Cilag nun ein außergewöhnliches Experiment: Die vier Fragestellungen wurden an die gesamte Belegschaft ausgeschrieben mit der Bitte, sich bei Interesse auf ein Thema zu bewerben. Jeder war eingeladen, quer durch das gesamte Unternehmen. Die Unternehmensleitung machte das Angebot: an einem Tag in der Woche Teamarbeit in der Janssen d.school, keine Extrahonorierung, Sponsoring der Reise- und Projektkosten und ein professionelles Coaching-Team der HPI D-School als Begleitung, das Ganze in einem Zeitrahmen von drei Monaten. Die Resonanz auf diesen firmenweiten Pitch war eine echte Überraschung: Mehr als 10 Prozent der Belegschaft bewarben sich auf die Fragestellungen, weit mehr, als man erwartet hatte.

Die neuen Räume wurden als Team- und Share Spaces mit den Möbeln der HPI D-School eingerichtet, einige Janssen-Mitarbeiter und die Sponsoren nahmen an einem vorbereitenden Trainingsworkshop in Potsdam teil, und dann ging es im März 2013 in Neuss mit einem Kick-off-Event gemeinsam mit der Geschäftsleitung los.

Um nicht zu viele Bewerber ablehnen zu müssen, wurde die Teamgröße auf zehn Mitglieder erweitert, und die aus allen Unternehmensteilen zusammengestellten Arbeitsgruppen trafen sich Woche für Woche, um an die Lösung ihrer jeweiligen Fragestellung zu gehen.

Ganz nebenbei freundeten sie sich mit einem für sie komplett neuen Arbeitsansatz an – auch und gerade die Mitarbeiter, die bereits seit über 15 Jahren im Unternehmen beschäftigt waren. Mit erstaunlich frischem Blick bei gleichzeitig tiefer Verwurzelung in der Unternehmenskultur beschäftigten sie sich erstmalig und überraschend unerschrocken mit großen strategischen Fragestellungen. Die »360-Grad-Gesundheit«, das Motto, für das Janssen-Cilag in der Außenwelt steht, war nun im übertragenen Sinne auch innen deutlich zu spüren.

 Ernst gemeinte Ideenfindung braucht den geschützten Raum des Scheiterns – das unbedingte Zugeständnis des Irrtums und Fehlers als legitimen Entwicklungsschritt.

Der Raum des Scheiterns

Möglich wurde diese Offenheit auch durch die Übereinkunft zwischen Unternehmensleitung und den Teilnehmern, die Janssen d.school als einen »Raum des Scheiterns« zu definieren. Als einen Ort, an dem jede noch so wilde Idee geäußert, alles Mögliche ausprobiert werden darf, an dem es weder Sanktionen noch Incentives gibt – von freiem Kaffee und Tee abgesehen. Solch ein physischer Ort, an dem Versuch und Irrtum einen festen Platz haben, ist in einer Welt, die immer mehr nach Perfektion strebt, und in Unternehmenskulturen, in denen Fehler häufig geahndet werden, Voraussetzung, um eine Öffnung hin zur Entfaltung der Kreativpotenziale und zu einer vernetzten Denk- und Arbeitskultur überhaupt zu erreichen.

Erst der offene, auf Verknüpfung setzende Denk- und Arbeitsmodus lässt die Teilnehmer ungeahnte Energien entfalten. Dazu gehört, an einem Tisch im »Workspace« zu stehen und miteinander zu arbeiten, Ideen nicht nur theoretisch auszutauschen, sondern auch visuell, zweidimensional als Zeichnung oder dreidimensional als Modell fassbar und gut kommunizierbar zu machen. Der wiederkehrende Austausch der Teams im sogenannten »Share Space«, die kurze, auf wenige Minuten beschränkte Darstellung des jeweiligen Arbeitsstands samt der akuten Probleme, immer verbunden mit der Offenheit für kritisches, aber auch konstruktives Feedback. Dazu gehören aber auch die entspannten Momente im Lounge-Bereich, ein persönlicher Austausch bei Kaffee und Tee auf der Couch – auch über Privates.

Im Mai 2013, nach zwei Zwischenpräsentationen von prototypisch umgesetzten Lösungsideen, war es dann so weit: Die finale Präsentation der Ergebnisse vor dem Vorstand des Unternehmens im großen Veranstaltungssaal im Hauptgebäude stand an. Ich erinnere mich noch sehr gut an die aufgeregte Stimmung, die vielen provisorisch zusammengezimmerten Utensilien, die durch die Gegend getragen wurden, und an die Präsentationen – nur 15 Minuten für drei Monate Arbeit, aber völlig ausreichend, um die Anwesenden zu beeindrucken. So viel Enthusiasmus bei der Präsentation der Ergebnisse hatte ich selbst bei Studierenden selten gesehen – Mediziner, Pharmakologen, Juristen und Betriebswirte, zum Teil lange Jahre im Unternehmen beschäftigt, stellten in fast jugendlicher Ausgelassenheit ihre Arbeitsergebnisse vor. Aber es war ja auch eine Art Ausnahmesituation, zum ersten Mal in der Unternehmensgeschichte sind komplexe Fragestellungen des Managements auf diese unkonventionelle Art bearbeitet und dabei mehr als bemerkenswerte Ergebnisse erzielt worden. Dieser offene Modus im Raum des Scheiterns hatte Ideen wachsen lassen, die sogar die Geschäftsleitung in unverhohlene Begeisterung versetzten.

Eine der Präsentationen ist mir ganz besonders in Erinnerung geblieben, es ging um die Positionierung von Janssen als Gesundheitsunternehmen der Zukunft – normalerweise eine Fragestellung für die Marketingabteilung oder gleich eine externe Unternehmensberatung, die als Ergebnis ein umfangreiches Textdokument und eine Kurzversion in Form einiger PowerPoint-Folien vorlegen würde. Ganz anders das Team »Gesundheitsbotschafter«, das als Arbeitsresultat ein selbst gebautes Holzmodell der »Gesundheitsbotschaft« enthüllte. Ein Gebäude, das man sich für verschiedene Städte als Anlaufstelle für Menschen vorstellen kann, die sich über Fragen zu gesundem Leben und zur Behandlung von Krankheiten fundiert und neutral beraten lassen wollen. Durch intensive Recherche und mehr als 60 Interviews war das Team zu der Überzeugung gekommen, dass eine solche Einrichtung sinnvoll und auch notwendig sei als echte Orientierungshilfe im Labyrinth der Gesundheitsangebote, und präsentierte Janssen hier als Initiator. Menschen, so der Gedanke, die krank oder verletzt sind, können Arztpraxen, Krankenhäuser, Reha-Zentren aufsuchen, um dort Hilfe zu erhalten. Für Menschen aber, die sich zu bestimmten medizinischen Themen allgemein informieren wollen, gibt es keinen Ort, an den sie sich wenden können. So entstand die Idee eines medizinischen Erfahrungshauses, in das man jederzeit, auch ohne konkreten Anlass, gehen kann. Ein Haus der Gesundheit, das allen offen steht.

Als Grundmodell für die »Gesundheitsbotschaft« hatte eines der Teammitglieder das große Puppenhaus der Tochter mitgebracht, an dem dann alle Komponenten eines Gesundheitshauses sichtbar gemacht werden konnten. Auch legte das Team bereits Kalkulationen zu den Entwicklungs- und Betriebskosten vor und stellte insgesamt Möglichkeiten zur Finanzierung der Idee vor. Diese wirklich grandiose Idee war einer von drei Vorschlägen, denen die Geschäftsleitung in der kommenden Sitzung grünes Licht zur Weiterentwicklung gab.

Die Geschäftsleitung hatte den Entschluss, komplexe Fragestellungen an das komplette Unternehmen zu pitchen, als extrem zielführend erkannt und machte dies nun zu einem neuen Teil der DNA des Unternehmens Janssen-Cilag. Unter dem Namen »Jantrix« werden seitdem ausgewählte Fragestellungen von hoher strategischer Relevanz regelmäßig auf diese Weise bearbeitet. Auch der »Raum des Scheiterns« wurde als überaus nützlich erkannt, weshalb man die Janssen d.school kurzerhand wieder auflöste und mit dem Mobiliar und den Utensilien mehrere große Besprechungsräume ausstattete. Sogar das Foyer des Hauptgebäudes wurde entsprechend umgebaut, so dass nun visuelles Arbeiten und Prototyping an vielen Stellen leicht möglich ist, vernetztes Denken und Arbeiten ausdrücklich als erwünscht und Scheitern als erlaubt gekennzeichnet ist!

Auch Branchengrenzen aufbrechen

An dem, was bei Janssen-Cilag in den letzten Jahren geschehen ist, kann meiner Ansicht nach überzeugend gezeigt werden, wie Network Thinking in der täglichen Praxis funktioniert. Die meisten großen Unternehmen sind im Hinblick auf solche Umstellungen noch sehr zögerlich. Ich habe zwar schon viele Firmen und Organisationen kennengelernt, denen die Notwendigkeit zur Veränderung durchaus bewusst ist, die offen sind und Network Thinking ausprobieren, Netzwerke schaffen wollen. Aber ich kenne kaum ein Unternehmen, das wie Janssen-Cilag den Mut hat, die notwendigen radikalen Schritte konsequent zu gehen und auf ein Vernetzungskonzept zu setzen.

Marcus Stüttgen und sein Team sind mit Janssen-Cilag sogar noch einen Schritt weiter gegangen. Aus den positiven Erfahrungen im Haus wurde die Idee eines branchenübergreifenden Netzwerks geboren, das die Grenzen der Pharmaindustrie deutlich verlässt. Unter dem Titel »The New Healthcare Puzzle« wurden in einem ersten Anlauf Vertreter von Softwareherstellern, Versicherungen, Forschungsinstituten, Hardwareentwicklern, Krankenkassen, Verbänden und Medienunternehmen zu einem ersten Workshop eingeladen. Neutraler Treffpunkt der über 20 Teilnehmer war im November 2014 die HPI D-School. Am beispielhaften Thema der Prostatakarzinom-Behandlung wurde die komplette Patientenreise beleuchtet: erste Symptome, Information im Netz, Untersuchung, Diagnose, Therapie, Krankenhausaufenthalt, Medikamentierung, Operation bis hin zur Nachsorge. Auch das familiäre und berufliche Umfeld wurde einbezogen. Alle durch die Auswahl der Beteiligten vertretenen Perspektiven kamen zur Geltung. Es ist ein völlig neuer, komplexer Kontext entstanden, ein kooperatives und kollaboratives Netzwerk, in dem branchen- und disziplinübergreifend Lösungen erarbeitet werden, die spannende neue Marktpotenziale beinhalten.

Dieser für alle Beteiligten neue Lernprozess – die am Nutzer orientierte Art der Annäherung an einen Themenkomplex – war zunächst als Experiment gedacht, doch die Resonanz der ersten Runde war so positiv, dass bereits im Sommer 2015 die zweite Veranstaltung stattfand, und die nächsten sind bereits in Planung. Interessant ist die Rolle, in der sich Janssen-Cilag hier sieht: »Janssen-Cilag ist dabei, aber nicht die Spinne im Netz, die mit dem Netz die Beute macht«, sagt Marcus Stüttgen, »wir sehen uns als einen Knoten und freuen uns, wenn sich für alle völlig neue Business-Opportunities in diesem Netzwerk ergeben.«

Vernetztes Denken im Unternehmen heißt mehr, als Einstellungen zu überdenken, und mehr, als veraltet erscheinende Muster und Strukturen abzuschaffen. Damit verbunden sind radikale Schritte, die ein Unternehmen bereit sein muss, konsequent zu gehen. Dann hat es aber auch die echte Möglichkeit, sich mit einem größeren Umfeld zu vernetzen, um an entsprechend weitreichenden Veränderungen mitzuwirken – natürlich auch im Eigeninteresse.

12 / Zum Himmel noch mal

WARUM NETWORK THINKING AUCH AN ORTEN FUNKTIONIERT, WO MAN ES NICHT GEDACHT HÄTTE

Heute ist ein ganz besonderes Treffen in Berlin. Ich bin verabredet mit einem der größten Arbeitgeber in Deutschland. Rund 450 000 Festangestellte arbeiten hier und etwa 700 000 Ehrenamtliche. Ein ganz spezieller Arbeitgeber also. Es handelt sich um einen der großen kirchlichen Wohlfahrtsverbände in Deutschland, die Diakonie. Ich bin verabredet mit Ulrich Lilie, dem Präsidenten. Es hat zwar ungefähr zwei Monate gedauert, bis der Termin zustande kam, aber nun, da ich aus dem Aufzug im obersten Stockwerk eines großen, erst wenige Jahre alten Gebäudes im Berliner Zentrum steige, fühlt es sich eher familiär an hier, keine präsidiale Herrschaftlichkeit, kein Prunk, kein Empfangstresen. Hier geht es nüchtern und sachlich zu, hier wird kein Geld unnötig verprasst. Ulrich Lilie ist ein freundlicher, unkomplizierter Mann ungefähr in meinem Alter. Wir haben noch ein wenig Zeit, der dritte Teilnehmer des Treffens verspätet sich.

Wir kommen gleich ins Gespräch über Herkunft, Familie, Kinder, Gott und die Welt. Lilie ist im Dezember 2013 zum Präsidenten ernannt worden. Er ist Theologe und ordinierter Pfarrer und hat in der Vergangenheit viele Funktionen in der evangelischen Kirche innegehabt. Über Jahre hinweg hat er eine der größten Organisationen Deutschlands in ihren vielen Facetten kennengelernt und dann die Leitung übernommen – und nun will er diese Organisation umkrempeln. Ich nutze Gelegenheit und Whiteboard im Besprechungsraum und zeichne mit dicken Strichen die Brockhaus-Rücken und darunter die Netzwerkstruktur, den Richtungspfeil daneben. Und schon ist die Diskussion darüber in vollem Gange. Ulrich Lilie gefällt die Denkfigur, er kann sofort seine Organisation darauf spiegeln, und wir diskutieren, was zu tun sei, um aus einer eher kompetitiven Struktur, wie die Diakonie sie nach innen darstellt, eine kollaborative, auf Vernetzung setzende Struktur zu machen.

Big Player der Wohlfahrt

Zur Diakonie gehören etwa 28 000 Einrichtungen und Dienste wie Pflegeheime und Krankenhäuser, Beratungsstellen und Sozialstationen. Neben der allgemeinen Sozialberatung zählen dazu auch Werkstätten für Menschen mit Behinderung, Flüchtlings- und Migrationsberatungsstellen, sozialtherapeutische Wohngemeinschaften, Familienerholungsstätten, Frauenhäuser, Kitas oder Hospize. Mit mehr als 11 000 Angeboten und über 545 000 Plätzen ist beispielsweise die Jugendhilfe das größte Arbeitsfeld der Diakonie. Die Diakonie ist ein Big Player der Wohlfahrt – und das ist eines der Probleme. Weit über eine Million Menschen sind in den überwiegend dezentral geführten Einrichtungen tätig, und es gibt jede Menge Abstimmungsbedarf. Die Technisierung der Arbeitsplätze ist nicht so weit fortgeschritten wie in der Industrie, das heißt, noch mehr als dort verharrt man in alten Routinen.

Wer einen Blick auf das komplexe Organigramm der Diakonie wirft, entdeckt klassisches Brockhaus-Denken: Präsidialstellen, Referate, Abteilungen, Zentren, Dienststellen, Institute, Geschäftsstellen etc. Natürlich muss Personal organisiert, Verantwortung delegiert werden. Die einzelnen Aufgaben und Abteilungen sind ganz klassisch nach Brockhaus sortiert, es haben sich entsprechende »Silos« gebildet, manche nennen es auch: Fürstentümer, gut abgeschottete Fürstentümer.

Doch nun beginnen die Silos zu bröckeln, es wird deutlich schwieriger, neue Leute zu gewinnen, das Interesse an Freiwilligenarbeit nimmt ab – und parallel hat sich eine neue Kultur der sozialen Unternehmen gebildet, die sogenannten Social Entrepreneurs.

Soziale Projekte sollten dort entstehen, wo sie verwurzelt sind. Dort zu fragen, was gebraucht wird und was nicht, und das Richtige umzusetzen gelingt nur im direkten Austausch. Motto: Teamarbeit und nicht verordnete Hilfeleistung.

Immer mehr kleine, wendige, innovationsorientierte Unternehmen widmen sich sozialen Fragen, es sind auch Non-Profit-Organisationen, die soziale Projekte vorantreiben. Beispielsweise »Sozialhelden«, die Firma von Raul Krauthausen, Absolvent der Potsdamer D-School und einer der bekanntesten Sozialunternehmer in Deutschland. Die hochvernetzten Sozialhelden verstehen sich als Denkfabrik für soziale Projekte wie »Pfandtastisch Helfen«, die Spendenbox, die in vielen Supermärkten gleich neben dem Leergutautomaten hängt, der man den Pfandbon für ein soziales Projekt aus der Region spenden kann, oder »TausendundeineRampe.de«, die die Situation von Rollstuhlfahrern in Cafés, Restaurants und öffentlichen Einrichtungen verbessern will. Raul Krauthausen, der die Glasknochen-Krankheit (Osteogenesis imperfecta) hat und selbst im Rollstuhl sitzt, hat sich zum Gesicht der sozialen Unternehmen entwickelt. Er steht für das, für das viele bisherige soziale Projekte nicht immer stehen. Statt aufwendige Organisationsstruktur und lange Märsche durch Hierarchien bieten die sozialen Unternehmen ihren Mitarbeitern die Möglichkeit, schnell zu helfen und ohne großen bürokratischen Aufwand sinnvoll zu arbeiten.

»Die bieten Leistungen an, die eigentlich ganz klassisch in unser Aufgabengebiet fallen«, sagt Lilie in unserem Gespräch. Da drängt etwas von außen in ihre Domäne, und wenn man heute nicht darauf reagiert, wird man enden wie viele schwerfällige, langsame Apparate, man wird wichtige Aktionsfelder verlieren. Lilie hat das erkannt. Er weiß, da muss etwas geschehen. Und er weiß auch: »Der Strukturwandel muss von innen kommen.« Die Voraussetzungen in der Diakonie sind gut: eine ohnehin stark auf Selbstorganisation angewiesene dezentrale Grundstruktur, jede Menge engagierte Menschen, die bereit sind, auch über die normale Arbeitszeit hinaus an einer guten Sache zu arbeiten. Dazu noch ein Heer an Freiwilligen, die ohnehin zu besonderen Leistungen bereit sind.

Man kann Abläufe verschlanken oder Abteilungen zusammenlegen, doch hier geht es darum, das Bewusstsein für die ohnehin vorhandene Netzwerkstruktur zu schaffen und weiterhin zu schärfen. Lilie steht heute vor ganz anderen, viel fundamentaleren Fragen: »Wie lernen wir, eine bessere Netzwerkorganisation zu werden?«

»Ich sage das nicht oft, aber heute muss ich es einmal sagen: Sie schickt der Himmel!«, meint er zum Ende unseres Gespräches, das ihn sichtlich ermuntert hat, noch etwas radikaler an die Wandlung seiner Strukturen heranzugehen. »Wir sollten einen Workshop mit unseren Bischöfen machen!«, schlägt er vor, und wir überlegen, wie Trainingsprogramme im Rahmen der Diakonie aussehen könnten.

Innovation in Sofia

Auch in Sofia hat man sich auf den Weg gemacht. In der bulgarischen Hauptstadt, in der auch im Februar 2015 noch die Spuren sozialistischer Mangelwirtschaft zu sehen sind, viele Häuser extrem renovierungsbedürftig und die Straßen von Schlaglöchern übersät sind, findet die erste Innovationskonferenz statt, genannt »Innovation Explorer«. Schon bei der Fahrt mit dem Taxi vom Flughafen in die Innenstadt wird klar, dies ist ein Land, in dem der Innovationsbedarf an jeder Ecke spürbar ist, hier liegen die Probleme nur so auf der Straße. Der etwa 60-jährige Taxifahrer bringt, in schwer verständlichem Englisch, das Hauptproblem auf den Punkt: Alle guten jungen Leute verlassen das Land, gehen nach England, Frankreich, Deutschland oder Österreich, manche auch in die USA, um dort zu studieren und ihr Glück zu versuchen. Bulgarien – ein Land der alten Leute.

Auch Elina Zheleva hatte Bulgarien verlassen. Sie war acht Jahre alt, als die Mauer fiel. Sie hat erst in Sofia angefangen zu studieren und ist dann nach Paris gegangen, um in Business Administration ihren Abschluss zu machen. Dann war sie ein Jahr in Berlin, um Design Thinking am Hasso-Plattner-Institut zu erlernen. Aber nun ist Elina wieder zurück in Sofia, ihrer Heimatstadt, und hat die »Innovation Explorer«-Konferenz mitorganisiert. Vertreter unterschiedlicher Innovationsansätze sind hier eingeladen. Hier darf ich über vernetztes Denken und Handeln sprechen.

Beste Voraussetzungen

Der Kongress findet in einem großen Einkaufszentrum statt, einer urbanen Shopping Mall, wie es sie überall auf der Welt gibt. Die Mall steht da wie ein Ufo, gelandet von einem fernen Planeten. Drinnen die Pracht westlicher Marken, Marmorsäulenimitate, Laden an Laden, der Glanz der Konsumtempel, wie sie auf der ganzen Welt zu sehen sind. In anderen Städten reihen sich die Shopping Malls in das Stadtbild ein, hier ist ein Fremdkörper entstanden. Nur ein paar Schritte von der Mall entfernt beginnt wieder das allmählich zerbröckelnde Sofia.

Vierhundert Menschen sind aus dem ganzen Land zur Konferenz zusammengekommen, um über Zukunft zu reden, etwas über Innovationsverfahren zu lernen und in Workshops praktische Erfahrungen zu sammeln. Bulgaren wie Elina oder Anthony berichten von ihren Erfahrungen im Ausland. Anthony Christov hat es beim amerikanischen Animationsfilm-Unternehmen Pixar zum Artdirector gebracht und berichtet begeistert von der ganz besonderen, innovationsfördernden Arbeitskultur, mit der dieses Unternehmen Filme wie *Toy Story* oder *Monster AG* hervorgebracht hat. Mein Beitrag über Design Thinking, teamorientiertes Denken und Handeln und die Ablösung der Ich- durch die Wir-Kultur löst engagierte Diskussionen aus.

 Fragen der gelebten gesellschaftlichen Kultur sind Fragen, die die Gesellschaft insgesamt zu beschäftigen hat. Wege und Orte zu finden, wie Ideen zueinander finden und umgesetzt werden können, ist mit vernetztem Denken alles andere als Zauberei.

Sofia macht mobil

Seit ihrer Zeit an der HPI D-School ist Elina elektrisiert von dem Gedanken, dass man sich vernetzen muss, dass man Menschen, Institutionen und Unternehmen zusammenbringt, die bisher wie abgeschottet voneinander agieren. Sie hat folgerichtig eine kleine Agentur gegründet, organisiert Events, berät Unternehmen und bietet Design-Thinking-Workshops an. Die in Deutschland aufgebauten Kontakte nutzt sie weiter, sie hat gerade eine Absolventin der D-School in Potsdam als neue Mitarbeiterin gewinnen können.

Im Workshop am Nachmittag geht es dann um die Zukunft der Mobilität. Wie bewegen wir uns in Zukunft in Städten wie Sofia, wie verknüpfen wir öffentliche und private Mobilitätsangebote für den Nutzer? Das ist die Fragestellung für die 30 Teilnehmer, die in kleinen Teams beratschlagen, visualisieren und Prototypen entwickeln.

Ein Kulturprogramm in Varna

Elina Zheleva hat das vernetzte Denken in Bulgarien mit ihrem Design-Thinking-Büro vorangebracht. Sie sitzt mit drei Kollegen in Sofia und entwickelt, in Co-Creation und interaktiven Zyklen, neue Ideen. Zum Beispiel für die bulgarische Hafenstadt Varna. Varna hat rund 350 000 Einwohner und will bis 2019 so etwas wie eine neue kulturelle Identität herausgebildet haben. Die Planung eines Kulturprogramms war die eine Herausforderung, wichtiger scheint aber wohl, auch die gravierenden sozialen Probleme der Stadt dabei zu berücksichtigen. So hat Elina mit ihrem Team im Jahr 2014 eine Reihe von Workshops mit den wichtigsten Akteuren – Künstlern, Politikern, Bürgern und Kulturmanagern – organisiert. Das Ergebnis sind bis heute 100 Projekte, die sowohl von den Einwohnern als auch von den Kulturschaffenden getragen werden – und bis 2019 zur Belebung der Stadt beitragen sollen.

Vernetztes Denken hat die Menschen und den Ort des Geschehens im Fokus. Warum nicht soziale, kulturelle, gesellschaftlich relevante Fragen – bisher eine Sache (fast) allein von Experten – am jeweiligen sozialen, kulturellen, gesellschaftlichen Ort behandeln und klären – zusammen mit Experten und Beteiligten? Das aber mit intensiver Recherche und bestmöglichem Prototyping. So könnten Lösungen, Veränderungen, Ergebnisse erarbeitet werden, die nicht wie bisher erst »legitimiert« und »kommuniziert« werden müssen, um Akzeptanz zu erhalten, sondern dies als Basis bereits enthalten.

13 / Jeder. Macht. Überall.

WARUM MAN ÖFTER AUF KUNDEN HÖREN SOLLTE

Qualität hat in Deutschland eine lange Tradition. Dass deutsche Produkte sehr gut gestaltet und verarbeitet sind, aus hochwertigen Materialien hergestellt werden und lange halten, hat sich auch im Ausland herumgesprochen und ist zu einem Markenzeichen deutscher Industrieproduktion geworden. Nicht zuletzt auch darauf ist die Platzierung unter den Ersten der weltweit führenden Exportnationen zurückzuführen. Dazu beigetragen haben nicht nur die produzierenden Unternehmen selber, sondern auch Vereine und Verbände, die im Hintergrund wirken, den kontinuierlichen Verbesserungsprozess in Unternehmen etablieren, an Qualitätsstandards arbeiten, Qualitätsmanager ausbilden, in internationalen Gremien an der Entwicklung von Normen mitarbeiten und Qualitätsbewusstsein durch Veranstaltungen in die Öffentlichkeit tragen – »Quality made in Germany« ist überall in der Welt geschätzt.

Einer der größten dieser Verbände ist die Deutsche Gesellschaft für Qualität (DGQ e. V.) mit Sitz in Frankfurt. Ihre Geschichte reicht zurück in die frühen 1950er Jahre, als die japanische Automobilindustrie mit Kaizen bereits einen Qualitätssicherungsprozess etabliert hatte, der zum Boom japanischer Autos auch in westlichen Ländern beigetragen hatte. Die DGQ hat den Aufstieg der Bundesrepublik begleitet, vom Wirtschaftswunder bis hinein in die Zeiten der Globalisierung. 1952 wurde sie gegründet, nach dem Krieg, als es galt, die deutsche Konsumgüterindustrie wieder in Gang zu bringen, schnell zu produzieren, schnell die Kundenwünsche eines aufstrebenden Landes zu erfüllen. Autos, Waschmaschinen, Fernseher, alles wurde rasant auf den Markt gebracht und bildete das Fundament für eine anhaltende Erfolgsgeschichte.

Mitten in dieser hochproduktiven Zeit, die von der Begeisterung geprägt war, dass man durch stetige Mechanisierung von Arbeitsprozessen sogar komplexe Produkte wie Autos nicht mehr in Manufakturen, sondern am laufenden Band – am Fließband – massenhaft herstellen konnte, begannen ein paar Visionäre sich Gedanken zu machen: Ist das wirklich gut, so stark auf Quantität zu setzen, alles nur schnell und in Massen zu produzieren? Oder könnten nicht noch andere, übergeordnete Kriterien für die Produktion gelten? Sollte man nicht auch die Beschaffenheit der Erzeugnisse in den Mittelpunkt stellen, also die Qualität?

Die beiden Produktionsexperten Friedrich Altenkirch und Paul Malinka befürchteten, dass die einseitige Orientierung an der Quantität nachhaltige Erfolge im Export verhindern würde. Deshalb gründeten sie 1952 einen Verein, der die Sicherung der Qualität als seine Aufgabe betrachtete und damit ein weiteres Fundament der deutschen Wirtschaftsgeschichte schuf: Qualität aus Deutschland.

Heute hat die DGQ mehr als 1000 Firmenmitglieder und mehr als 6000 persönliche Mitglieder und ist mit knapp 100 festen Mitarbeitern in mehr als 60 Regionalkreisen überall in Deutschland aktiv. Sie fördert nach wie vor das Qualitätsmanagement, bietet Weiterbildungen an, erteilt Qualitätszertifikate und unterstützt Forschungsprojekte. Auch im Ausland ist der Verein anerkannt. Zu einer Konferenz zum Thema Qualitätssicherung hatte der chinesische Ministerpräsident den DGQ-Präsidenten in die Große Halle des Volkes eingeladen, um den deutschen Weg darzustellen.

Qualität im Wandel oder: Sind zehn Knöpfe besser als einer?

Mein erstes Zusammentreffen mit der DGQ fand auf der Hannover Messe 2014 statt. Ich war als Podiumsgast zum Thema Qualität eingeladen. »Made in Germany: 21st century success factor or handicap?« lautete der Titel der Veranstaltung, für die wir eine große Besucherzahl verzeichnen konnten, da Angela Merkel und Wladimir Putin vor uns auf der Bühne die Eröffnungsworte gesprochen hatten. Lauter Qualitätsexperten saßen auf dem Podium, und meine Aufgabe war es, das Thema Innovation mit dem Thema Qualität zu vernetzen.

Diskutiert wurde, inwieweit der Qualitätsbegriff sich heute rapide verändert, in Zeiten, in denen hochwertige Produkte wie Smartphones so rasanten Entwicklungszyklen unterliegen, dass sie nach zwei Jahren schon wieder veraltet sind. Unternehmen wie Miele, die mit ihren hochwertigen Haushaltsmaschinen international für »Quality made in Germany« stehen, verknüpfen bis heute die Qualität ihrer Produkte mit dem Hinweis auf 20-jährige Haltbarkeit.

Für meine Mutter mag das noch ein herausragendes Argument für den Kauf gewesen sein, ich selbst beginne schon daran zu zweifeln, aber wie sieht es mit 20-Jährigen aus, die in den Wandel vom Analogen ins Digitale hineingeboren wurden, an unglaubliche Technologiesprünge gewöhnt sind und es gar nicht schlimm finden, ständig in Updates zu denken? Ist da eine 20-jährige Haltbarkeit noch ein Argument?

Aber wenn Langlebigkeit nicht mehr zwingend ein Beleg für die Qualität eines Produkts ist, was ist dann heute Qualität?

 **An den Wünschen und Vorstellungen von Konsumenten und Produktnutzern vorbeizuentwickeln und vorbeizuproduzieren wird sich immer schneller und härter rächen.**

Ich brachte dazu ein Beispiel, das ich im Rahmen eines Studentenprojektes mit dem Unternehmen Miele erleben konnte. Das Unternehmen, bekannt für seine überaus robusten und ewig funktionierenden Waschmaschinen, Spülmaschinen und Staubsauger, stand vor einem Problem: Ein neues Produkt brachte nicht die erwartete Akzeptanz im Markt. Miele, in der ganzen Welt bekannt für hochinnovative Produkte, hatte schon früh begonnen, alle großen Haushaltsgeräte netzwerkfähig zu machen, auch die Waschmaschine.

Angeregt durch den phänomenalen Erfolg von Apples iPhone und iPad war man auf die Idee gekommen, eine Waschmaschine zu entwickeln, die nur noch mit einem Knopf ausgestattet ist: dem Ein-/Aus-Schalter. Jede andere Funktionalität der Hightech-Maschine, die Programmwahl, die Waschmittelzufuhr, die Zeituhr, alles wurde per App vom Smartphone aus gesteuert. Auf Messen waren die Experten extrem begeistert, das Produkt wurde gefeiert, vor allem von technikaffinen Männern. Doch als Testversionen des Gerätes in den Handel kamen, verstaubten sie in den Regalen, denn die Kaufentscheider – und das sind in der Regel Frauen – fanden: Fünf Knöpfe sind besser als ein Knopf. Man hatte während des gesamten Entwicklungsprozesses den Kunden kein einziges Mal gefragt.

Ein typisches Beispiel dafür, was passiert, wenn technische Machbarkeit im Vordergrund steht und der Kunde zu spät einbezogen wird. Die Miele-Waschmaschine ist ohne Zweifel ein Hightech-Produkt, höchstwertig in der Verarbeitung und innovativ gedacht. Aber frühes Prototyping und intensives Testing hätten wahrscheinlich schon sehr früh ergeben, dass allein technischer Fortschritt und das Kopieren von Erfolgsmodellen aus anderen Bereichen nicht ausreichen.

Aber das ist doch keine Bank!

Heute früh bin ich verabredet mit einem Bankdirektor. Nicht mitten in der Stadt in bester Lage finde ich die Zentrale, sondern außerhalb, im Industriepark Dreilinden im Süden von Berlin. Es ist eine junge, ganz spezielle Bank. Im Foyer steht eine blauweiß lackierte Parkbank mit dem Aufdruck »Wir sind Bank«. Am Empfang melde ich mich an, ich bin ein wenig früh dran. Ich bin verabredet mit Arnulf Keese, dem Geschäftsführer von PayPal Deutschland, und darauf eingestellt zu warten, dann begleitet zu werden zu einem großen Direktorenbüro. Nichts dergleichen passiert. Stattdessen kommt Herr Keese, leger gekleidet, ohne Krawatte, runter zum Empfang, begrüßt mich freundlich und meint, wir sollten doch rübergehen zum Ebay-Gebäude, da gäbe es sehr guten Cappuccino. Er lädt mich ein, und wir setzen uns in eine offene Cafeteria, umgeben von jungen, bunt gekleideten, freundlichen Menschen, die sich hier kurz niederlassen wie wir, um den Morgen gut zu beginnen.

 **Form und Funktion von Unternehmen und Organisationen werden und müssen mehr in Übereinklang gebracht werden.**

Dann brechen wir auf zu einem Rundgang durch die »Bank«. Ich erfahre etwas über die Geschichte dieses Unternehmens, das 1998 in den USA gegründet und schon drei Jahre später von Ebay übernommen wurde. Mittlerweile hat das Unternehmen 250 Millionen Kundenkonten in über 190 Ländern und erlaubt Online-Bezahlung in 25 Währungen. Anders als bei traditionellen Banküberweisungen gibt es hier keine Banklaufzeiten, die Transaktion geschieht nach einem kurzen Sicherheitscheck innerhalb von Sekunden. In Deutschland nutzen 16 Millionen Menschen den Bezahlservice. Das klingt groß, aber alleine die Sparkassen haben in Deutschland rund 50 Millionen Kunden. Wir laufen gemeinsam durch die Etagen, und ich stelle mit Verwunderung fest, dass es hier gar nicht aussieht wie in einem seriösen Geldhaus in Deutschland, eher wie bei einem Softwareentwickler im Silicon Valley. Auf den Etagen gibt es relativ wenig abgeschlossene Räume, die meisten arbeiten in offenen Bürosituationen. »Uns sind kurze Kommunikationswege sehr wichtig«, erklärt mit Arnulf Keese die Situation.

Einen Teil der Möbel hat PayPal speziell entwickeln lassen, damit die Einzel- und die Teamarbeit so gut wie möglich unterstützt wird. Dabei wurde auf die jeweiligen Wünsche der Mitarbeiter in den unterschiedlichen Bereichen Rücksicht genommen. In den USA zum Beispiel ist der Platzbedarf der Einzelnen nicht so groß wie in Deutschland, entsprechend wurden die Teamareale anders ausgelegt. Zum Telefonieren gibt es kleine abgeschirmte Kabinen, und auch für diskrete Besprechungen findet man Rückzugsorte. Steckdosenleisten mit allen nur erdenklichen Anschlussformaten signalisieren, dass es ein internationales Unternehmen ist, mit Mitarbeitern, die auch am Standort Deutschland mit ihrem eigenen Equipment weiterarbeiten können. Mobile beschreibbare Flächen gibt es überall, und bunte Sitzwürfel in allen Größenvarianten finden sich in den Besprechungsbereichen.

Wir gehen weiter in die Chefetage. Wo denn das Chefbüro sei, will ich wissen und ernte einen erstaunten Blick. Arnulf Keese zeigt auf einen Schreibtisch in einem der offenen Arbeitsareale: »Ich sitze dort hinten, hier gibt es kein separates Chefzimmer.« Das habe sich auch bewährt. Der Kontakt zu seinen Mitarbeitern sei dadurch unkompliziert, er wolle einfach ansprechbar sein, und wenn man sich zurückziehen müsse, könne man das ohne weiteres tun.

Kennengelernt hatten wir uns erst vor kurzem bei einem Mitarbeiterevent, dass PayPal für alle deutschsprachigen Mitarbeiter in Berlin durchgeführt hat. Klare Kundenorientierung stand hier im Mittelpunkt, und ich durfte den Tag mit einem Vortrag zu vernetztem Denken und Design Thinking eröffnen. Die über 200 Teilnehmer waren in einem großen Saal an runden Tischen verteilt. Nach meiner Einführung kam der praktische Teil. Ein speziell an der Stanford d.school geschultes PayPal-Team kam herein und verteilte sich im Raum, jeder an einen der Tische, und die erste Übung wurde kurz erläutert: Der PayPal-Kunde sollte besser verstanden werden, und das nicht nur von den Entwicklern und der Marketingabteilung, nein, alle im Unternehmen sollten lernen, sich besser in die Kundenperspektive versetzen zu können. Wie macht man das am besten? Man lernt den Kunden kennen. Und dann ging zur Überraschung aller wieder die Tür auf, und herein kamen leibhaftige PayPal-Kunden, für jeden Teamtisch war einer eingeladen. Der komplette Design-Thinking-Prozess wurde nach der Kundenbefragung an diesem Tag von allen Teams durchlaufen, und am Ende des Tages wurden den geladenen

Kunden Prototypen der nächsten PayPal-Generation präsentiert – viele neue Inspirationen für das gesamte Unternehmen.

Das vernetzte Denken war damit erfahrbar geworden für die gesamte PayPal-Mitarbeiterschaft, man hatte einen neuen Sprachkosmos kennengelernt und ein Methodenset erlebt, das auch im täglichen Arbeitsleben zum Einsatz kommen kann. Und Arnulf Keese erklärt mir, dass dies gerade an allen Standorten von PayPal auf der ganzen Welt geschieht, das interne Design-Thinking-Team reist von Standort zu Standort und bringt die Kollegen in einen neuen, vernetzten Denk- und Arbeitsmodus.

Wie der Zufall es will, bin ich am Abend nach meinem Besuch bei dieser besonderen Bank noch bei einer anderen Bank eingeladen, einer der renommierten Großbanken in Deutschland, die ihren Hauptsitz in einem der Frankfurter Bürotürme haben. 1870 wurde diese Bank gegründet, die heute 16 Millionen Kunden in Deutschland hat, exakt so viele wie das Online-Unternehmen. In die neue, mit Hightech vollgestopfte Hauptstadtrepräsentanz von Microsoft in Berlin Unter den Linden hat die Direktion eine Auswahl ihrer besten Kunden eingeladen zu einem abendlichen Event rund um das Thema Innovation. Auch hier darf ich die Eröffnungskeynote sprechen. Spontan berichte ich auch von meinem morgendlichen Besuch bei der Konkurrenz. Im Nachgespräch mit einem der Frankfurter Bankdirektoren werde ich dann aber gleich korrigiert: »Aber Herr Weinberg, PayPal, das ist doch gar keine Bank.«

Lange Zeit haben sich Konsumenten mit Entscheidungen und Ergebnissen von sogenannten Experten abgefunden, auch wenn sie damit nur halbwegs oder auch gar nicht ihren Vorstellungen und Bedürfnissen entgegenkamen. Warum eigentlich? Am Puls der Zeit und der Menschen zu bleiben, wenn man für sie produziert und entscheidet, ist im Grunde so naheliegend, dass kaum darüber gesprochen werden müsste. Dass darüber (immer noch) gesprochen werden muss, zeigt, dass wir – obwohl die Richtung vielleicht schon klar ist – die notwendigen Voraussetzungen noch längst nicht geschaffen haben.

14 / Vision: Netzwerker

WARUM ES NOCH NIE SO EINFACH WAR, DIE WELT ZU VERBESSERN

Xenia ist heute der Host. Sie sitzt an einem schmalen Tisch, oben an der Treppe. Sie kommt aus der Schweiz, ist für ein Jahr in Berlin und macht gerade ein Praktikum im »Impact Hub« in Berlin. Sie zeigt, wo es Kaffee gibt, zeigt den großen Raum, in dem acht Tische auf schlanken Stahlbeinen stehen. Die Host-Tätigkeit wird aufgeteilt, nächste Woche ist jemand anderes der Empfangschef. Xenia führt durch den Hub, es ist eine helle Büroetage in Berlin-Kreuzberg, Räume, die mit ihren großzügigen Oberlichtern und der enormen Deckenhöhe eher an eine Galerie erinnern. Im hinteren Teil der Etage ist ein weiterer Raum mit Schreibtischen sowie drei kleine Räume für Gespräche, Skype-Sessions und Telefonate. Xenia sagt: »Es ist wie bei den meisten Hubs, es gibt einen dynamischen Bereich für Austausch und Begegnung, es gibt abgetrennte Räume für das konzentrierte Arbeiten sowie einen Veranstaltungsraum für Vorträge und Workshops.« Und natürlich eine Küche. Das Prinzip Teeküche, früher eher ein Nebenschauplatz der Arbeit, hat in den Coworking-Arealen von heute eine zentrale Bedeutung gewonnen. Nicht etwa, weil die Kaffeemaschinen so wunderbaren Cappuccino auf Knopfdruck ausgeben, sondern weil die Teeküchen Orte der Vernetzung sind, hier kommt man ins Gespräch, hier lernt man sich kennen, hier tauscht man sich aus, entstehen erste Schritte zu einem neuen Projekt. Dort lasse ich mich bei meinem Besuch nieder, will ein Gefühl dafür bekommen, wer hier rein- und rausgeht, und möchte in Kontakt kommen.

Der Impact Hub Berlin befindet sich in der Friedrichstraße, in der Nähe des Halleschen Tors, in den Räumen eines früheren deutsch-türkischen Begegnungszentrums. Wenn man etwas über das neue Arbeiten und das soziale Unternehmertum lernen will, dann lohnt ein Besuch im Berliner Hub. Der Impact Hub Berlin ist Teil des internationalen Impact-Hub-Netzwerkes mit weltweit über 60 Standorten und inzwischen rund 12 000 Mitgliedern. Was der Hub ist, was ihn ausmacht und was er leistet, lässt sich mit wenigen Worten sagen: »Wir bringen Menschen und Organisationen zusammen, die sich mit unternehmerischen Mitteln den komplexen Problemen unserer Gesellschaft stellen. Wir gehen andere Wege und beweisen, dass menschlich ›Gutes‹ auch wirtschaftlich erfolgreich sein kann«, heißt es in der Selbstbeschreibung. Entstanden ist die Idee 2005 bei einem Arbeitstreffen in einem Londoner Starbucks-Café. Der Begriff Hub kommt aus der Telekommunikation: Als Hub werden Geräte bezeichnet, die Netzknoten sternförmig verbinden. Und um Verbindung und Vernetzung geht es auch bei den »Menschen«-Hubs. Die Hubs haben einen interdisziplinären Ansatz und das vernetzte Denken im Blut: Die beiden Mitgründerinnen Anna Lässer und Nele Kapretz, jetzt Program beziehungsweise Managing Directors, sind Absolventinnen der Potsdamer D-School.

In der Etage erlebt man, wie eine Community aus gesellschaftlichen Erneuerern, Unternehmern, Studenten, Künstlern, Freiberuflern, Wissenschaftlern wächst, wie kleine Start-ups entstehen, die alle ein Ziel eint: die Welt ein wenig besser zu machen. Immer mehr junge Menschen auf der ganzen Welt fühlen sich aufgerufen, ihre Kreativität und Arbeitskraft nicht etablierten Strukturen zur Verfügung zu stellen, sondern sich in neuen Verbünden Themen zu widmen, die ihnen am Herzen liegen, und damit vielleicht sogar unternehmerisch erfolgreich zu sein. Die Ausrichtung der Projekte und Unternehmen, ob Bildungsreform oder Klimawandel, ob werteorientiertes Finanzwesen oder investigative Medienarbeit, ob Hilfsmittel gegen Essstörungen oder nachhaltigen Wohnungsbau in Südafrika – die Hub-Mitglieder sind dabei, die Zukunft des Wirtschaftens neu zu gestalten. Es sind Menschen, die nicht nur einen WLAN-Anschluss benötigen, sondern auch den persönlichen Anschluss an Gleichgesinnte, die mit der gleichen Energie, dem gleichen Willen ihren Teil zu Veränderungen beitragen wollen. Sie eint die Erkenntnis: Von alleine wird die Welt nicht besser, aber durch ein starkes Netzwerk, in dem man Ideen besprechen, ausprobieren und weiterentwickeln kann, damit lassen sich große Dinge bewegen.

 **Die Dynamik von Netzwerken erzeugt permanent Veränderung, der Wandel ist ihnen nicht »Auftrag«, sondern Merkmal.**

Es sind Menschen wie zum Beispiel Niels Rot. Niels leitet den Hub in Zürich. Er erklärt den besonderen Spirit und was einen guten Hub ausmacht. Als Leitung eines Hubs muss man darauf achten, dass das »Ökosystem« stimmt. »Wir schauen darauf, dass wir nicht zu viele Cluster, also beispielsweise nicht zu viele IT-Leute im Team haben oder nicht zu viele Leute aus der Kommunikation.« Es müsse immer ein Gleichgewicht herrschen, sonst schade das dem Hub. »Es ist wie in der Natur, zu viel Wasser oder zu viel Licht kann einem Ökosystem schaden.« Deshalb sollte auch die Gemeinschaft der sozialen Innovatoren halbwegs ausgeglichen sein, damit eben auch die gegenseitige Unterstützung gewährleistet ist. Vielleicht hat ein Biologe eine gute Idee für Pflanzenzucht in Afrika, benötigt aber die Unterstützung eines IT-Experten, um seine Idee umsetzen zu können. Deshalb achten die Hubs auf das Gleichgewicht der Kräfte, auf Diversität, und das auch global. Damit der Wechsel von einem Hub zum nächsten gelingen kann, damit eben ein Berliner Hub-Mitglied im Londoner Hub andocken kann, sind die Hub-Macher gerade dabei, globale Standards zu schaffen. Ein erster Meilenstein ist der Aufbau einer Global-Hub-Zentrale in Wien, die regelmäßige Treffen aller internationalen Hubs organisiert und beim Aufbau neuer Hubs auf der ganzen Welt behilflich ist. Mit Niels diskutiere ich einen möglichen nächsten Schritt: die Vernetzung von Netzwerken. Wie lassen sich die Problemlösungspotenziale globaler Netzwerke wie Ashoka, Impact Hub oder der Design Thinking Schools durch Verknüpfung noch weiter steigern?

Es mag vieles noch in der Probephase sein, manches ist noch nicht ausgereift. Aber Konzepte wie Impact Hub haben bereits bei großen Einrichtungen Interesse geweckt, werden genau beobachtet – und finanziell unterstützt von Geldgebern wie der BMW Stiftung, dem Center for Internet & Human Rights oder der Boston Consulting Group, wie mir Anne Merkle erzählt. Sie ist hier beim Berliner Hub zu Besuch und nimmt sich ein wenig Zeit für mich. Anne hat früher bei der BMW Stiftung gearbeitet, heute ist sie für den Global Hub tätig. Sie bereitet die Zukunft der Hubs vor. So soll es künftig einmal im Jahr globale Treffen geben, dort werden strategische Entscheidungen getroffen, jeder Hub habe dann eine Stimme. Die Hubs sollen sich weltweit »überlappen«, das sei ein spannender Prozess, sagt Anne Merkle. »Wir hoffen, dass die einzelnen Netzwerke dann noch mehr voneinander profitieren.«

André Stern – ohne Schule ungebildet?

Ich selbst verorte mich ganz am Anfang des Pfeils, der unumkehrbar die Richtung weg vom Brockhaus-Denken anzeigt. Ich habe gerade erst begonnen, mich auf den Weg zu machen von einer auf das Trennende setzenden Brockhaus-Denktradition, in der ich in Schule und Hochschule aufgewachsen bin, hin zu einer vernetzenden, auf das Verbindende setzenden Denk- und Arbeitshaltung. Und ich habe niemanden bisher kennengelernt, der nicht auch in dieser Denktradition aufgewachsen ist. Selbst unsere Studierenden an der HPI School of Design Thinking, allesamt geboren kurz vor der Jahrhundertwende und somit Digital Natives, haben nahezu denselben Bildungsapparat durchlaufen wie ich und tun sich, wie ich, schwer, in einer immer stärker vernetzten Welt auch vernetzt zu denken. Es wurde ihnen ja auch nicht vermittelt.

Vermittelt wurde ihnen, wie sie sich alleine gegen andere behaupten, wie sie Karriere machen können, wie sie ihr Wissen als Machtmittel einsetzen können und wie sie sich erfolgreich in Hierarchien bewegen.

Sagte ich, ich hätte niemanden kennengelernt? Das stimmt nicht ganz.

Einen Menschen durfte ich kennenlernen, der diesem Prägungsapparat nicht ausgesetzt war: André Stern. Seine Eltern hatten schon kurz nach seiner Geburt 1971 den Entschluss gefasst, André nicht in eine Schule zu geben und ihn auch nicht im klassischen Sinne zu »bilden«. Sie wollten ihn zu Hause großziehen und ihm nur das beibringen, was er wissen wollte. In Frankreich, seinem Heimatland, gibt es keine Schulpflicht wie in Deutschland, da kann man ein solches Experiment wagen, ohne mit dem Gesetz in Konflikt zu kommen. »Rethinking Education« hatten wir im August 2013 den Workshop genannt, zu dem wir neben rund 50 Bildungsinnovatoren aus dem deutschsprachigen Raum auch André Stern eingeladen hatten. Allesamt mit Schulbildung und Studium, die meisten promoviert, einige mittlerweile mit Professorentitel. Der einzige »Ungebildete« in dieser Runde war André Stern.

Das Erstaunliche ist, dass dieser Mensch, gerade 42 Jahre alt, drei Sprachen fließend spricht, Musiker, Komponist und Instrumentenbauer ist und Vater eines Sohnes. Und dazu einer der angenehmsten Menschen in dieser Runde von 50 Hochkarätern. Wir unterhalten uns über unsere Kinder, beide im Vorschulalter. Meine Frage, ob er seinen Sohn in eine Schule geben würde, verneint er vehement: »Auf keinen Fall!« Auf meine Frage, was wir mit unserem Sohn in Sachen Schule machen sollten in Deutschland, einem Land mit dem Recht, aber auch der Pflicht zur schulischen Bildung, sagt er schlicht: »Zieh nach Frankreich.«

Rotary – globales Netzwerk

Es gibt auch schon Vorbilder: Spannende Netzwerke von Menschen unterschiedlicher Couleur sind schon im vordigitalen Zeitalter entstanden und leben bis heute weiter mit hoher gesellschaftlicher Relevanz, auch wenn sie eher im Hintergrund wirken. Eines dieser Netzwerke nennt sich Rotary Club.

Schon 1905 kam der Rotary-Gründer, ein amerikanischer Rechtsanwalt namens Paul Harris, in Chicago auf die Idee, Menschen unterschiedlicher Profession in einem Club zu versammeln, um eine Wertegemeinschaft zu schaffen, die auf gegenseitige Unterstützung setzt. Rotary International, die globale Dachorganisation dieses virtuellen Netzwerkes, das bis heute in Hotels oder Restaurants tagt und daher keine eigene Infrastruktur betreibt, zählt mittlerweile 34 000 Clubs mit 1,2 Millionen Mitgliedern in über 160 Ländern. Alle sind der Pflege von Freundschaft, Miteinander, Vielfalt und Frieden verpflichtet, und daher ist es nicht verwunderlich, dass 1945 an der Verfassung der Charta der Vereinten Nationen 49 Rotarier beteiligt waren. Diesem wunderbaren Netzwerk von gesellschaftlich aktiven Männern und Frauen darf ich seit 1999 angehören und habe einige Erfahrungen sammeln können innerhalb und außerhalb Deutschlands. Insbesondere die Besuche in Clubs außerhalb der deutschen Grenzen sind immer erhellend.

Als Freund ist man hier jederzeit willkommen, und die wöchentlichen Meetings, meist mittags oder abends, laufen auf der ganzen Welt nach dem gleichen Schema ab: Es gibt kurze Berichte des Präsidenten, dann ein Essen und danach einen 20-minütigen Vortrag eines Gastes oder eines Clubmitglieds. Nach 90 Minuten verabschiedet man sich wieder. Auch wenn diese Struktur jedem Rotarier angenehm vertraut ist, ist doch der jeweilige kulturelle Rahmen das eigentlich Prägende. So ist ein Meeting in Kapstadt, in einem erlesenen Restaurant am Waterfront Pier, von anderen Themen geprägt als das Treffen im Clubraum des San José Football Stadion in Kalifornien oder des Pekinger Clubs im Kempinski-Hotel. Hier war ich 2004, bei meinem ersten Aufenthalt in Peking, noch im Kreise vorwiegend ausländischer Geschäftsleute, der Club war offiziell noch gar nicht angemeldet. Heute treffen sich dort chinesische Mitglieder mit Vertretern aus aller Welt, eine hochengagierte Runde aus Wirtschaft, Gesellschaft und Politik. Immer ist es die immense Vernetzungsqualität, die mich überrascht, mit welcher Geschwindigkeit und Offenheit hier gewünschte Kontakte hergestellt werden können in alle möglichen Bereiche hinein – es ist die durch ausgewählte Einladung geschaffene Heterogenität der Clubs, die eine enorme Effizienz auch bei der Erledigung sozialer Aufgaben gewährleistet.

Fliegendes Netzwerk

Auf einem Flug von Guangzhou im Süden Chinas nach Istanbul bestelle ich mir bei der freundlichen Stewardess noch einen Tee und denke über das Fliegen nach. Gerade einmal 120 Jahre ist es her, dass Otto Lilienthal in Berlin-Lichterfelde den 15 Meter hohen »Fliegeberg« hatte aufschütten lassen, um mit seinen Fluggeräten die ersten Gleitflüge zu probieren. Der Wissenschaftler Hermann von Helmholtz hatte noch wenige Jahre zuvor konstatiert, dass es wohl kaum gelingen würde, den Menschen in die Luft zu bewegen und dort zu halten.

Das Flugzeug, in dem ich gerade sitze – eine Boeing 777-300 –, ist eine der größten Langstreckenmaschinen der Welt. Sie hat 28 Business-Class-Plätze, 63 Economy-Comfort-Plätze und 246 Economy-Plätze, alle schön in Reih und Glied, immer sieben beziehungsweise neun Sitze in einer Reihe. Nun versuche ich, mir diese Maschine vorzustellen in einer neuen, vernetzten Konstellation. Nicht nur, dass über das bordeigene WLAN eine flugzeuginterne Kommunikation aufgebaut werden könnte, praktisch für Familien, aber auch für gemeinsam reisende Firmenangehörige. Interessanter noch ist die Vorstellung, dass hier ein hocheffizientes Matchmaking betrieben werden könnte zwischen Menschen, die sich bisher noch gar nicht kennen und den Flug für den Aufbau spannender neuer Verbindungen nutzen könnten. Alle haben denselben Ausgangspunkt und dasselbe Ziel. Für die einen ist der Zielort fremd, für andere ist es die Heimat. Warum nicht beide zu einem Austausch einladen, wenn sie Lust haben – Zeit haben sie ja. Über freiwillig bei der Buchung abgegebene Profildaten könnte schon die Sitzplatzwahl optimiert werden. Dazu müssten dann allerdings auch räumliche Voraussetzungen geschaffen werden, neue Zonen, die einen Austausch, ein lockeres Treffen, ein Beisammensein ermöglichen. Die ganze Kabinensituation könnte, wenn Vernetzung einen anderen Stellenwert besäße, völlig anders gestaltet sein.

Menschen zusammenzubringen, den Austausch unterschiedlichster Sichtweisen wo immer und wann immer zu ermöglichen, Aufgaben und Probleme als gemeinsame zu sehen und deshalb auch gemeinsam zu lösen, nicht zum Vorteil Einzelner, sondern um für viele etwas zu bewegen und zum Positiven zu verändern – das unter anderem sind Kennzeichen einer neuen Art, Wirtschaft und damit Gesellschaft zu begreifen. Daran zu arbeiten, vor allem: dafür die Voraussetzungen zu schaffen ist die zentrale Aufgabe, die sich uns in der Nach-Brockhaus-Ära stellt.

Marshmallow on top

Auch die letzten Zeilen dieses Buches entstehen im Flugzeug auf einer Asienreise. Ich habe jetzt nicht mehr die Glasplatte auf dem Schoß, mit der vor drei Jahren die Schreibarbeit begonnen hat. Der Textkörper ist mittlerweile so groß, dass ich lieber mein Notebook zum Schreiben benutze. Nur die Zeichnungen entstehen weiterhin auf meinem iPad.

Ich komme gerade zurück von zwei Veranstaltungen in China, bei denen ich jeweils die Rolle des Eröffnungsredners übernehmen durfte. Zwei Veranstaltungen, wie sie unterschiedlicher nicht hätten sein können. Und ich sitze etwas nachdenklich hier im Flugzeug zurück nach Berlin, weil ich wieder vieles lernen konnte über eine sich immer schneller vernetzende Welt.

Bei der ersten Veranstaltung in Peking, der ersten Design Thinking Conference Asia, konnte ich erleben, mit welcher Geschwindigkeit sich Design Thinking auch in China ausgebreitet hat. Zweihundert Teilnehmer waren aus dem ganzen Land angereist, um zwei Tage lang Experten aus Stanford, Potsdam und Schanghai zu hören und Workshops mit ihnen zu erleben. Viele Industrievertreter waren darunter, auch Vertreter großer deutscher Unternehmen wie SAP und Audi, aber auch Lehrende und Agenturvertreter. Die CUC, allen voran mein »Didi«, mein »jüngerer Bruder« Professor Liao, treibt das Thema Innovation auch in der Öffentlichkeit voran und forciert den Ausbau seines Design Thinking Innovation Center als erste Anlaufstelle im ganzen Land. Am Flughafen wurde ich nicht mehr mit einem Audi abgeholt, sondern mit einem Elektroauto, gebaut in China.

Die zweite Veranstaltung fand in Guangzhou statt, einer Zwölf-Millionen-Stadt in der industriereichen Umgebung von Hongkong im Süden Chinas. Hier kamen 28 Schulkinder im Alter zwischen acht und zwölf Jahren zusammen, um gemeinsam fünf Tage lang einen Design-Thinking-Workshop zu durchlaufen. YouthMBA heißt das noch junge Unternehmen, das diese Idee 2013 entwickelt hat und bereits 60 000 Follower auf ihrem WeChat-Kanal verzeichnen kann. Alles Eltern, die für ihre Kinder mehr suchen als die normale Schulerfahrung. Neben dem nachmittäglichen Englischkurs, in den einige der Kinder während der Schulzeit geschickt werden, überlässt man sie den jungen Mitarbeiterinnen dieses jungen Unternehmens, die sie über fünf Tage begleiten.

Aus allen Teilen Chinas kommen die kleinen Teilnehmer angereist, einige von so weit her, dass sie erst am Abend dazustoßen. »Redesign the food experience« lautet das Motto dieses Workshops, und einige der besorgten Eltern sind am Anfang sogar mit dabei, weil man nicht so recht weiß, was mit »Design Thinking« eigentlich gemeint ist. Bei meinem einführenden Vortrag, der von Evan, einem der Gründer und Workshop-Leiter, ins Chinesische übersetzt wird, sitzen die Kinder bereits in Vierergruppen an Tischen, sie kennen sich alle noch nicht, bis auf die beiden Zwillingsmädchen, die mit ihrer Mutter aus Schanghai angereist sind. Der Raum, ein Veranstaltungsraum im Obergeschoss eines Restaurants, ist bunt dekoriert mit Luftballons und farbigen Bannern mit chinesischen Schriftzeichen. Alisa, mit acht Jahren die Jüngste, zeigt mir stolz ihre Zahnlücke. Einige der Kinder machen mit ihren Smartphones Fotos. Bei meiner Frage, wer schon einmal in den USA war, zeigen sechs Kinder auf, in Europa waren immerhin drei schon einmal gewesen. Auf die Frage, ob sie in ihren Klassenräumen auch in Gruppen sitzen und es dort auch so schön bunt ist, schütteln alle den Kopf und lachen.

Die erste gemeinsame Aufgabe ist die Marshmallow-Challenge: Jedes Team bekommt einen Marshmallow, 20 Spaghetti-Stangen und eine kleine Rolle Klebeband. In 20 Minuten soll nun aus den Nudeln und dem Kleber ein Turm gebaut werden, möglichst hoch und stabil, und ganz oben soll zur Krönung der Marshmallow aufgesteckt werden. Das Team mit dem höchsten Turm gewinnt. Mit großer Begeisterung sind die Kinder dabei, und schon bald sind die, die sich eben noch komplett fremd waren, ein Team geworden und stolz darauf, den höchsten Spaghetti-Turm gebaut zu haben.

Den Workshop hat YouthMBA komplett über WeChat organisiert, das chinesische Pendant zu WhatsApp im Westen, aber bei uns so gut wie gar nicht bekannt. 300 Millionen Nutzer hatte die App noch, als ich das Buch begonnen habe, 400 Millionen sind es heute, und die Zentrale von WeChat ist hier auf dem T.I.T. Creative Park Gelände, ein paar Häuser weiter. Tencent, die Mutterfirma von WeChat, hat sechs alte Fabrikhallen gemietet und entwickelt mit Hunderten von Mitarbeitern die überaus erfolgreiche App mit Hochdruck weiter. Nicht nur Nachrichten verschicken und Veranstaltungen organisieren kann man mit dieser App, das ging schon vor drei Jahren. Mittlerweile kann man mit WeChat ein Taxi bestellen und auch bezahlen, an Getränkeautomaten die Auswahl treffen und per Barcode bezahlen, und im Restaurant erscheint das Menü nach schnellem Einscannen eines WeChat-QR-Codes am Tisch auf dem eigenen Smartphone – und ich kann die Bestellung sofort abschicken und noch bezahlen dazu. Seine Kontaktdaten tauscht man schnell durch einen QR-Code aus, der auf dem Smartphone erscheint. Das läuft alles mit einer solchen Geschmeidigkeit und Selbstverständlichkeit, als wäre es vorher nie anders gewesen.

Es ist erstaunlich, nahezu unheimlich, mit welcher Geschwindigkeit die chinesische Kultur die Vernetzungsangebote aufnimmt und spannende Business-Konzepte produziert, die bei uns durch allerlei Bedenkenträgerei schon im Keim erstickt werden. Lassen wir uns inspirieren von der Frische, mit der Asiaten sich im Handumdrehen aus zum Teil viel strengeren Fesseln befreien – Network Thinking ist hier mittlerweile gelebte Praxis.

Literaturempfehlungen

Aguayo-Krauthausen, Raúl; Appelt, Marion: *Dachdecker wollte ich eh nicht werden*. Rowohlt, Reinbek bei Hamburg 2014.

Brown, Tim: *Change by Design*. HarperBusiness, New York 2009.

Dark Horse Innovation: *Thank God it's Monday!* Econ, Berlin 2014.

Doorley, Scott; Witthoft, Scott: *make space*. John Wiley & Sons, Hoboken 2012.

Dyer, Jeff; Hregersen, Hal; Christensen, Clayton M.: *The Innovators DNA*. Harvard Business Review Press, Watertown 2011.

Engelke, Lutz; Bachmann, Günther: *future lab germany*. Murmann, Hamburg 2013.

Gore, Al: *The Future*. WH Allen, London 2014.

Gürtler, Jochen; Meyer, Johannes: *Design Thinking in 30 Minuten*. GABAL, Offenbach 2013.

Hüther, Gerald: *Was wir sind und was wir sein könnten*. S. Fischer, Frankfurt 2011.

Hüther, Gerald: *Jedes Kind ist hochbegabt*. Knaus, München 2012.

Hüther, Gerald: *Etwas mehr Hirn bitte*. Vandenhoeck & Ruprecht, Göttingen 2015.

Kelley, David; Kelley, Tom: *Creative Confidence*. Crown Business, New York 2013.

Kelley, Tom: *The Art of Innovation*. Profile Books Ltd, London 2002.

Kelley, Tom: *Ten Faces of Innovation*. Profile Books Ltd, London 2008.

Kumar, Vijay: *101 Design Methods*. John Wiley & Sons, Hoboken 2013.

Laloux, Frederic: *Reinventing Organizations*. I. B. Tauris, London 2014.

Martin, Roger L.: *The Design of Business*. Harvard Business Review Press, Boston 2009.

McChrystal, General Stanley: *Team of Teams*. Penguin, New York 2015.

Meinel, Christoph; Weinberg, Ulrich; Krohn, Timm: *Design Thinking Live*. Murmann Publishers, Hamburg 2014.

Moggridge, Bill: *Designing Interactions*. MIT University Press Group 2006.

Mootee, Idris: *Design Thinking for Strategic Innovation*. John Wiley & Sons: Hoboken 2013.

Mutius, Bernhard von: *Die andere Intelligenz*. Klett-Cotta, Stuttgart 2008.

Mutius, Bernhard von: *IQ plus WeQ = BQ*. Trapazzi Press, Potsdam 2015.

Pink, Daniel H.: *Drive: The Surprising Truth About What Motivates Us*. Canongate Books, Edinburgh 2011.

Plattner, Hasso; Meinel, Christoph; Weinberg, Ulrich: *Design Thinking*. mi-Wirtschaftsbuch; Finanzbuch Verlag, München 2009.

Rifkin, Jeremy: *The Zero Marginal Cost Society*. St. Martin's Press, New York 2014.

Roam, Dan: *Back of the Napkin*. Penguin Group, New York 2008.

Robertson, Brian J.: *Holacracy*. Henry Holt & Co, New York 2015.

Roth, Bernard: *The Achievement Habit*. HarperBusiness, New York 2015.

Serres, Michael: *Erfindet euch neu!* Suhrkamp, Berlin 2013.

Smith, Keri: *How to be an Explorer of the World*. Penguin Group, New York 2008.

Spiegel, Peter: *WeQ – more than IQ*. oekom, München 2015.

Thiel, Peter: *Zero to One*. Campus, Frankfurt 2014.

Verganti, Roberto: *Design-Driven Innovation*. Harvard Business School Publishing Corporation, Boston 2009.

Dank

Vielen habe ich zu danken dafür, dass dieses Buch entstehen konnte. Allen voran meiner Frau Maria und unserem Sohn Tarik, die mir beide sehr verständnisvoll viel Familienzeit geschenkt haben.

Dann Hasso Plattner, ohne dessen gnadenlos gute Spürnase und extreme Entschlossenheit Design Thinking heute vielleicht immer noch in Baracken auf dem Stanford-Campus zu finden wäre und Dieter Wiedemann und Christoph Meinel, die vor acht Jahren auf die Idee kamen, dass die School of Design Thinking das richtige Spielfeld für mich sein könnte.

Aber auch Bernhard von Mutius, der ein Jahr nach meinem Start mit *Die andere Intelligenz* genau das richtige Buch geschrieben hatte, um das, was ich gerade erlebte, besser verstehen zu können. Nicht wegzudenken auch die vielen Denkanstöße, die ich in Gesprächen mit Bill Moggridge, David Kelley, George Kembel, Larry Leifer, Terry Winograd und immer wieder Bernie Roth erhalten habe, lauter behutsame Schubser in die richtige Richtung.

Großer Dank gilt auch Claudia Nicolai, Annie Kerguenne und dem ganzen Design-Thinking-Team in Potsdam für das wunderbare Weiterentwickeln der D-School und Erschließen neuer Denk- und Handlungsräume. Ganz speziell Heike Balluneit für den unglaublich guten Support über die vielen Jahre.

Dank gebührt auch der WeQ Foundation mit Helga Breuninger, David Diallo, Detlef Gürtler, Gerald Hüther, Marianne Obermüller und nicht zuletzt Peter Spiegel, der mit WeQ unseren Sprachschatz um einen wesentlichen Begriff erweitert hat.

Auch meinen chinesischen Freunden gebührt Dank für die vielen den Blick öffnenden Gespräche, die ich führen durfte mit meinem »Didi« Liao Xiangzhong, dem Großmeister Lu Shengzhang, mit Shui Linlin, Ding Li, Jiang Hao, Fu Long, Grace und Umi. Dank auch an Wu Hui und Stefan Schomann für das erste Feedback zu meiner Buchidee und nicht zuletzt Tilman Lesche, der mir den Zugang zur chinesischen Kultur überhaupt vermittelt hat.

Zweien möchte ich danken, die ich persönlich bisher noch nicht kennenlernen durfte: Sir Ken Robinson und Daniel Pink, die mit ihren TED-Talks von je 18 Minuten meinen Blick auf die Bildungswelt verändert haben.

Ein spezielles sechseckiges Dankeschön geht an die Teams von System 180 und Zendome für erhellende Momente in Sachen Raum und die Brücke zu Buckminster Fuller.

Vielen Dank auch an Christoph Schlegel für das stabile Baugerüst sowie nicht zuletzt Matthias von Randow für den kritischen Rat als Freund.

Weitere Informationen rund um
Network-Thinking:
www.network-thinking.com